广东雷州

珍稀海洋生物国家级
自然保护区海洋生物图谱 下册

主编 刘　芳　刘昕明
周立喜　林金兰　欧春晓

中国海洋大学出版社
·青岛·

总目录

下册目录

底栖动物

双壳纲 ·················· 90

底栖动物

腹足纲

多变鲍
Haliotis varia Linnaeus，1758

分类地位　软体动物门 Mollusca 腹足纲 Gastropoda（目）Lepetellida 鲍科 Haliotidae 鲍属 *Haliotis*

形态特征　壳呈半卵形，表面具有粗而宽的螺肋，有 4～6 个呼吸孔。

分　　布　我国台湾、广东、广西、海南，以及印度－西太平洋热带水域。保护区内该物种附着在珊瑚礁表面孔隙中，壳表面附着有生物和杂质，与环境融为一体。

多变鲍 *Haliotis varia* Linnaeus，1758

羊 鲍
Haliotis ovina Gmelin，1791

分类地位 软体动物门 Mollusca 腹足纲 Gastropoda（目）Lepetellida 鲍科 Haliotidae 鲍属 *Haliotis*

形态特征 壳扁，壳顶观近圆形，表面有放射状排列的瘤突，有 4～6 个呼吸孔。

分 布 我国台湾、海南，以及印度 - 西太平洋热带水域。附着在珊瑚礁背面。保护区内未发现活体。

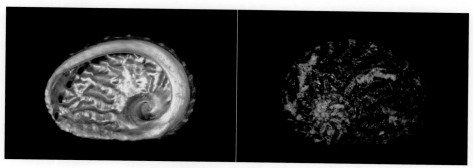

羊鲍 *Haliotis ovina* Gmelin，1791

鼠眼孔蛾
Diodora mus（Reeve，1850）

分类地位 软体动物门 Mollusca 腹足纲 Gastropoda（目）Lepetellida 钥孔蛾科 Fissurellidae 孔蛾属 *Diodora*

形态特征 壳顶观呈长椭圆形。壳顶开孔卵圆形。放射肋与螺肋交错，呈方格样。

分 布 我国东南沿海，以及西太平洋热带水域。保护区内该物种主要附着在潮间带岩石表面和缝隙中。

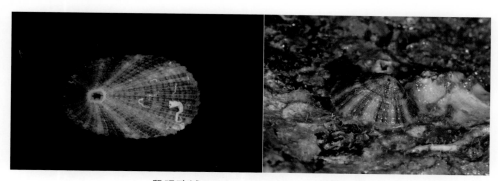

鼠眼孔蛾 *Diodora mus*（Reeve，1850）

中华楯螺

Scutus sinensis（**Blainville**，**1825**）

分类地位　软体动物门 Mollusca 腹足纲 Gastropoda（目）Lepetellida 钥孔螺科 Fissurellidae 楯螺属 *Scutus*

形态特征　壳顶观呈长椭圆形，白色，前缘有一凹陷，表面有细密同心纹。

分　　布　我国福建、台湾、海南，以及日本沿海。保护区内该物种主要附着在潮间带岩石背面和缝隙中，活体状态下灰黑色外套膜包裹壳。

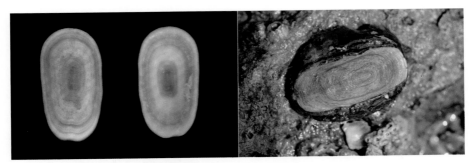

中华楯螺 *Scutus sinensis*（Blainville，1825）

斗嫁螺

Cellana grata（**A. Gould**，**1859**）

分类地位　软体动物门 Mollusca 腹足纲 Gastropoda 花帽贝科 Nacellidae 嫁螺属 *Cellana*

形态特征　壳呈笠状，壳顶观呈卵圆形，表面有颗粒状放射肋和明显的放射状花纹。

分　　布　我国福建及台湾以南沿海，以及朝鲜半岛、日本沿海。保护区内该物种主要吸附在潮间带岩石表面。

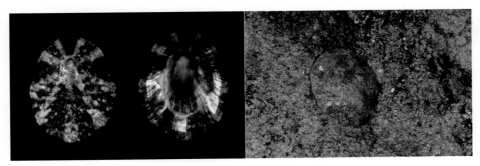

斗嫁螺 *Cellana grata*（A. Gould，1859）

瘤结马蹄螺
Tectus noduliferus（Montfort，1810）

分类地位　软体动物门 Mollusca 腹足纲 Gastropoda（目）Trochida（科）Tegulidae 扭柱螺属 *Tectus*

形态特征　壳呈圆锥形,表面灰白色,有粒状突起组成的螺肋。壳口内有细肋。

分　布　我国海南,以及菲律宾、印度洋。保护区内该物种主要吸附在潮下带珊瑚礁及岩石表面。

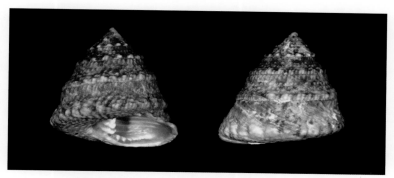

瘤结马蹄螺 *Tectus noduliferus*（Montfort，1810）

塔形扭柱螺
Tectus pyramis（Born，1778）

分类地位　软体动物门 Mollusca 腹足纲 Gastropoda（目）Trochida（科）Tegulidae 扭柱螺属 *Tectus*

形态特征　壳呈圆锥形,表面有粒状突起组成的螺肋。壳口斜,近长方形。

分　布　我国广东以南沿海,以及印度－太平洋。保护区内该物种主要吸附在潮下带珊瑚礁及岩石表面。

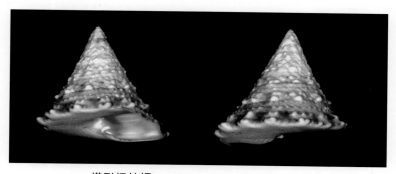

塔形扭柱螺 *Tectus pyramis*（Born，1778）

三列扭柱螺
Tectus triserialis（Lamarck，1822）

分类地位 软体动物门 Mollusca 腹足纲 Gastropoda（目）Trochida（科）Tegulidae 扭柱螺属 *Tectus*

形态特征 壳呈高圆锥形，表面具褐色条纹。壳口稍斜，螺柱扭曲成耳状突起。

分　　布 我国海南，以及西太平洋热带水域。保护区内该物种主要吸附在潮下带珊瑚礁及岩石表面。

三列扭柱螺 *Tectus triserialis*（Lamarck，1822）

锈凹螺
Tegula rustica（Gmelin，1791）

分类地位 软体动物门 Mollusca 腹足纲 Gastropoda（目）Trochida（科）Tegulidae 属 *Tegula*

形态特征 壳呈圆锥形。放射肋粗且向左斜。壳口马蹄形。

分　　布 我国沿海，以及朝鲜半岛、日本北海道至九州岛。保护区内该物种主要吸附在潮间带及潮下带珊瑚礁及岩石表面。

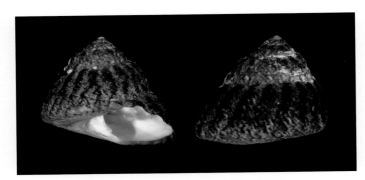

锈凹螺 *Tegula rustica*（Gmelin，1791）

马蹄螺

Trochus maculatus Linnaeus，1758

分类地位　软体动物门 Mollusca 腹足纲 Gastropoda（目）Trochida 马蹄螺科 Trochidae 马蹄螺属 *Trochus*

形态特征　壳呈正圆锥形，表面螺肋由念珠状颗粒组成，细肋与粗肋相间，底面平或微隆。

分　布　我国广东以南沿海，以及印度–太平洋。保护区内该物种主要吸附在潮间带及潮下带珊瑚礁及岩石表面。

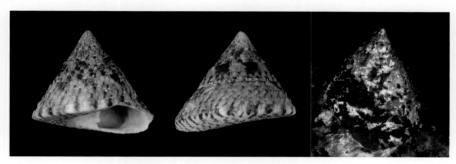

马蹄螺 *Trochus maculatus* Linnaeus，1758

单齿螺

Monodonta labio（Linnaeus，1758）

分类地位　软体动物门 Mollusca 腹足纲 Gastropoda（目）Trochida 马蹄螺科 Trochidae 单齿螺属 *Monodonta*

形态特征　壳近球形；表面螺肋突起，由规则的方砖状颗粒组成；底面隆起；脐部白色。

分　布　我国沿海，以及印度–西太平洋。保护区内该物种主要吸附在潮间带岩石背面。

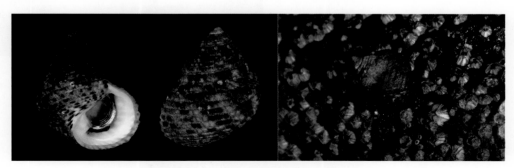

单齿螺 *Monodonta labio*（Linnaeus，1758）

拟蜒单齿螺
Monodonta neritoides（R. A. Philippi，1849）

　　分类地位　软体动物门 Mollusca 腹足纲 Gastropoda（目）Trochida 马蹄螺科 Trochidae 单齿螺属 *Monodonta*

　　形态特征　壳近梨形，表面密布宽而低的螺肋。壳口斜，桃形。

　　分　　布　我国浙江、福建、广东，以及日本。保护区内该物种主要吸附在潮间带及潮下带珊瑚礁及岩石背面。

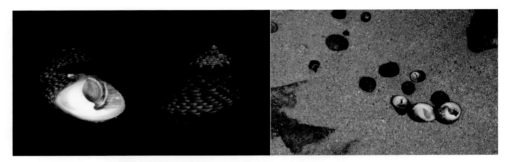

拟蜒单齿螺 *Monodonta neritoides*（R. A. Philippi，1849）

史氏项链螺
Monilea smithi（Dunker，1882）

　　分类地位　软体动物门 Mollusca 腹足纲 Gastropoda（目）Trochida 马蹄螺科 Trochidae 项链螺属 *Monilea*

　　形态特征　壳呈低圆锥形。螺肋粗细不一，肋上方有半圆形小结节。壳口斜，内有螺旋肋。

　　分　　布　我国广东、海南，以及印度－西太平洋热带水域。保护区内该物种分布在潮下带沙地。

史氏项链螺 *Monilea smithi*（Dunker，1882）

海豚螺
Angaria delphinus（Linnaeus，1758）

分类地位　软体动物门 Mollusca 腹足纲 Gastropoda（目）Trochida 海豚螺科 Angariidae 海豚螺属 *Angaria*

形态特征　壳中等大，体螺层宽大，具颗粒状细螺肋。壳口圆形。

分　　布　我国广东以南沿海，以及印度－西太平洋亚热带和热带水域。保护区内该物种分布在潮下带沙地。

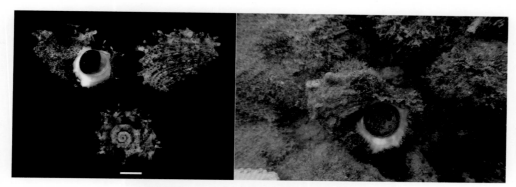

海豚螺 *Angaria delphinus*（Linnaeus，1758）

节蝾螺
Turbo bruneus（Röding，1798）

分类地位　软体动物门 Mollusca 腹足纲 Gastropoda（目）Trochida 蝾螺科 Turbinidae 蝾螺属 *Turbo*

形态特征　壳呈圆锥形。粗肋与细肋相间，肋上常有微微隆起的结节。壳口大，圆形。

分　　布　我国广东以南沿海。保护区内该物种分布在潮间带及潮下带珊瑚礁区，是优势物种。

节蝾螺 *Turbo bruneus*（Röding，1798）

粒花冠小月螺
Lunella coronata（Gmelin，1791）

分类地位　软体动物门 Mollusca 腹足纲 Gastropoda（目）Trochida 蝾螺科 Turbinidae 小月螺属 *Lunella*

形态特征　壳呈球形，螺层表面具细螺肋，肋上具瘤状突起，底面隆起。

分　　布　我国浙江至海南沿海，以及日本、印度洋。保护区内该物种分布在潮间带。

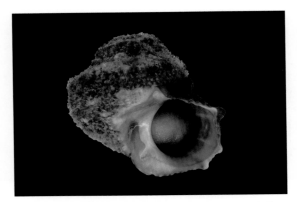

粒花冠小月螺 *Lunella coronata*（Gmelin，1791）

奥莱彩螺
Clithon oualaniensea（Lesson，1831）

分类地位　软体动物门 Mollusca 腹足纲 Gastropoda（目）Cycloneritida 蜑螺科 Neritidae 彩螺属 *Clithon*

形态特征　壳呈卵形。体螺层膨圆。壳口半圆形，完全。

分　　布　广东、海南、广西。保护区内该物种分布在红树林及河口区域的潮间带泥沙滩上。

奥莱彩螺 *Clithon oualaniensea*（Lesson，1831）

渔舟蜑螺
Nertita albicilla Linnaeus，1758

分类地位 软体动物门 Mollusca 腹足纲 Gastropoda（目）Cycloneritida 蜑螺科 Neritidae 蜑螺属 *Nerita*

形态特征 壳呈卵形。螺肋宽大低平,肋间窄沟。壳口半月形。

分 布 福建以南海域。保护区内该物种分布在潮间带岩石上。

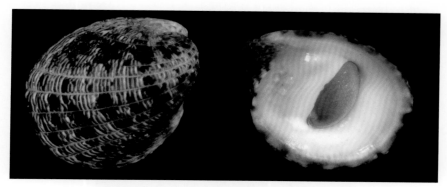

渔舟蜑螺 *Nertita albicilla* Linnaeus，1758

中间拟滨螺
Littoraria intermedia（R. A. Philippi，1846）

分类地位 软体动物门 Mollusca 腹足纲 Gastropoda（目）Littorinimorpha 滨螺科 Littorinidae 拟滨螺属 *Littoraria*

形态特征 壳呈圆锥形,表面淡褐色,分布有细密的螺肋。壳口稍斜,卵圆形。

分 布 我国沿海,以及日本、菲律宾。保护区内该物种分布在红树林树干、树叶表面。

中间拟滨螺 *Littoraria intermedia*（R. A. Philippi，1846）

塔结节滨螺
Nodilittorina pyramidalis（**Quoy & Gaimard，1833**）

　　分类地位　软体动物门 Mollusca 腹足纲 Gastropoda（目）Littorinimorpha 滨螺科 Littorinidae 结节滨螺属 *Nodilittorina*

　　形态特征　壳呈尖锥形，具有发达的黄灰色粒状突起和细肋。壳口椭圆形，内面紫黑色。

　　分　　布　我国浙江以南沿海，以及印度－西太平洋。保护区内该物种分布在潮间带碎石堆中。

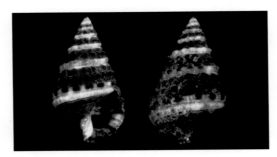

塔结节滨螺 *Nodilittorina pyramidalis*（Quoy & Gaimard，1833）

小结节滨螺
Echinolittorina radiata（**Souleyet，1852**）

　　分类地位　软体动物门 Mollusca 腹足纲 Gastropoda（目）Littorinimorpha 滨螺科 Littorinidae（属）*Echinolittorina*

　　形态特征　壳近球形。螺肋密，与生长线相交形成颗粒状突起。壳口桃形，内面紫褐色。

　　分　　布　我国广东、海南、广西，以及朝鲜半岛、日本。保护区内该物种分布在潮间带大块岩石缝隙中。

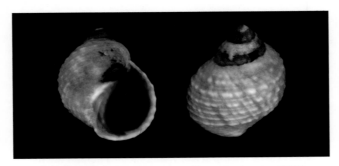

小结节滨螺 *Echinolittorina radiata*（Souleyet，1852）

太阳衣笠螺
Stellaria solaris（Linnaeus，1764）

分类地位　软体动物门 Mollusca 腹足纲 Gastropoda（目）Littorinimorpha 衣笠螺科 Xenophoridae（属）*Stellaria*

形态特征　壳呈低圆锥形,表面有斜行波状纹。螺层周围具有向外延伸的管状突起。壳口斜。

分　　布　我国台湾、南海,以及印度－西太平洋。保护区内该物种分布在潮下带 15 m 以深泥沙质底。

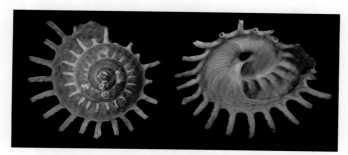

太阳衣笠螺 *Stellaria solaris*（Linnaeus，1764）

唇凤螺
Canarium labiatum（Röding，1798）

分类地位　软体动物门 Mollusca 腹足纲 Gastropoda（目）Littorinimorpha 凤螺科 Strombidae（属）*Canarium*

形态特征　壳呈纺锤形。纵肋粗壮,螺肋细密。壳口狭长,内面橘黄色。

分　　布　我国海南,以及日本、东南亚和澳大利亚。保护区内该物种分布在潮下带珊瑚礁外缘。

唇凤螺 *Canarium labiatum*（Röding，1798）

花凤螺

Canarium mutabile（Swainson，1821）

分类地位　软体动物门 Mollusca 腹足纲 Gastropoda（目）Littorinimorpha 凤螺科 Strombidae（属）*Canarium*

形态特征　壳坚固，螺旋部和基部有细螺肋。壳口梭形，内面白色。

分　　布　我国台湾、海南，以及印度－西太平洋暖水域。保护区内该物种分布在潮下带沙地，未发现活体。

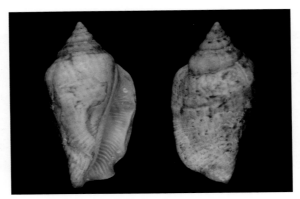

花凤螺 *Canarium mutabile*（Swainson，1821）

铁斑凤螺

Canarium urceus（Linnaeus，1758）

分类地位　软体动物门 Mollusca 腹足纲 Gastropoda（目）Littorinimorpha 凤螺科 Strombidae（属）*Canarium*

形态特征　壳呈纺锤形，螺层 8 层左右。壳口梭形，边缘黑色。

分　　布　我国台湾、广东、海南、广西，以及西太平洋热带水域。保护区内该物种分布在潮下带珊瑚礁间隙沙地。

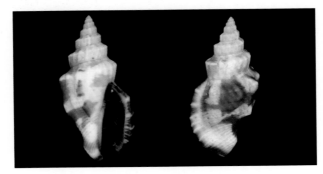

铁斑凤螺 *Canarium urceus*（Linnaeus，1758）

篱凤螺
Conomurex luhuanus（Linnaeus，1758）

分类地位 软体动物门 Mollusca 腹足纲 Gastropoda（目）Littorinimorpha 凤螺科 Strombidae（属）*Conomurex*

形态特征 壳呈倒圆锥形，表面平滑，常被有1层黄褐色的壳皮，并有棕色纵行波纹和环形色带。壳口长条形。

分　　布 我国台湾和广东以南沿海，以及印度－西太平洋暖水域。保护区内该物种分布在潮下带珊瑚礁间隙沙地。

篱凤螺 *Conomurex luhuanus*（Linnaeus，1758）

带凤螺
Doxander vittatus（Linnaeus，1758）

分类地位 软体动物门 Mollusca 腹足纲 Gastropoda（目）Littorinimorpha 凤螺科 Strombidae（属）*Doxander*

形态特征 壳呈长纺锤形，表面黄褐色。纵螺肋白色。壳口狭长。

分　　布 我国台湾和广东以南沿海，以及西太平洋热带水域。保护区内该物种分布在潮下带沙地。

带凤螺 *Doxander vittatus*（Linnaeus，1758）

黑口凤螺
Euprotomus aratrum（Röding，1798）

分类地位　软体动物门 Mollusca 腹足纲 Gastropoda（目）Littorinimorpha 凤螺科 Strombidae（属）*Euprotomus*

形态特征　壳大而坚厚，灰黄色，螺层约 10 层。壳口狭长，内面杏黄色。

分　　布　我国台湾、南海，以及西太平洋。保护区内该物种分布在潮下带沙地，未见活体。

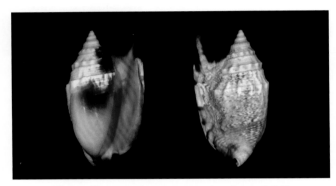

黑口凤螺 *Euprotomus aratrum*（Röding，1798）

强缘凤螺
Neodilatilabrum robustum（G. B. Sowerby III，1875）

分类地位　软体动物门 Mollusca 腹足纲 Gastropoda（目）Littorinimorpha 凤螺科 Strombidae（属）*Neodilatilabrum*

形态特征　壳呈纺锤形，体螺层有 5 条黄褐色带。壳口狭长，内面白色。

分　　布　我国台湾和福建以南沿海，以及西太平洋热带水域。保护区内该物种分布在潮下带沙地。

强缘凤螺 *Neodilatilabrum robustum*（G. B. Sowerby III，1875）

驼背凤螺
Gibberulus gibbosus（Röding，1798）

分类地位 软体动物门 Mollusca 腹足纲 Gastropoda（目）Littorinimorpha 凤螺科 Strombidae（属）*Gibberulus*

形态特征 壳略呈橄榄形。各螺层上出现不均匀的膨肿。壳口狭长，内面淡紫色或白色。

分　布 我国台湾、西沙群岛，以及西太平洋。保护区内该物种分布在潮下带沙地。

驼背凤螺 *Gibberulus gibbosus*（Röding，1798）

钻　螺
Terebellum terebellum（Linnaeus，1758）

分类地位 软体动物门 Mollusca 腹足纲 Gastropoda（目）Littorinimorpha 钻螺科 Seraphsidae 钻螺属 *Terebellum*

形态特征 壳呈长筒形或子弹形，表面平坦光滑，具褐色或红褐色的斑点。壳口狭长。

分　布 我国广东以南沿海，以及印度 - 西太平洋。保护区内该物种分布在潮下带沙地。

钻螺 *Terebellum terebellum*（Linnaeus，1758）

蝶翅玉螺
Glyphepithema alapapilionis（Röding，1798）

分类地位　软体动物门 Mollusca 腹足纲 Gastropoda（目）Littorinimorpha 玉螺科 Naticidae（属）*Glyphepithema*

形态特征　壳近球形，表面相当膨胀，生长线细密。壳口半圆形，内面青白色。

分　　布　我国台湾、南海，以及西太平洋。保护区内该物种分布在潮下带泥沙地。

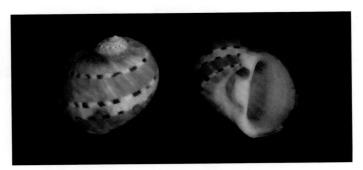

蝶翅玉螺 *Glyphepithema alapapilionis*（Röding，1798）

玉　螺
Natica vitellus（Linnaeus，1758）

分类地位　软体动物门 Mollusca 腹足纲 Gastropoda（目）Littorinimorpha 玉螺科 Naticidae 玉螺属 *Natica*

形态特征　壳近球形，表面褐色或黄褐色，壳顶黑褐色。壳口宽大。

分　　布　我国东海、南海，以及印度－西太平洋。保护区内该物种分布在潮下带沙地。

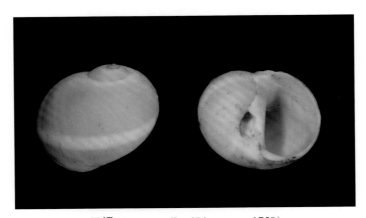

玉螺 *Natica vitellus*（Linnaeus，1758）

斑玉螺
Paratectonatica tigrina（Röding，1798）

分类地位　软体动物门 Mollusca 腹足纲 Gastropoda（目）Littorinimorpha 玉螺科 Naticidae（属）*Paratectonatica*

形态特征　壳略呈球形，表面白色，光滑无肋，密布有不规则紫褐色斑点。壳口内面青白色。

分　　布　我国沿海，以及印度洋和太平洋。保护区内该物种分布在潮下带沙地。

斑玉螺 *Paratectonatica tigrina*（Röding，1798）

线纹玉螺
Tanea lineata（Röding，1798）

分类地位　软体动物门 Mollusca 腹足纲 Gastropoda（目）Littorinimorpha 玉螺科 Naticidae（属）*Tanea*

形态特征　壳略呈球形，表面布满紫褐色条纹。壳口卵圆形，内面青白色。

分　　布　我国沿海，以及印度洋和太平洋。保护区内该物种分布在潮下带沙地。

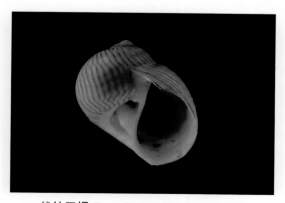

线纹玉螺 *Tanea lineata*（Röding，1798）

日本窦螺
Sinum japonicum（Lischke，1872）

分类地位 软体动物门 Mollusca 腹足纲 Gastropoda（目）Littorinimorpha 玉螺科 Naticidae 窦螺属 *Sinum*

形态特征 壳呈扁椭球形。螺肋细密，多为2条并列。壳口大，长卵圆形，内面白色，具光泽。

分　　布 我国东海、南海，以及印度－西太平洋。保护区内该物种分布在潮下带沙地。春季可见卵带。

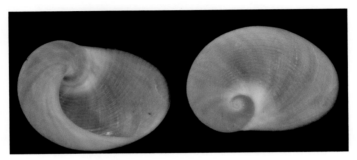

日本窦螺 *Sinum japonicum*（Lischke，1872）

爪哇窦螺
Sinum javanicum（Gray，1834）

分类地位 软体动物门 Mollusca 腹足纲 Gastropoda（目）Littorinimorpha 玉螺科 Naticidae 窦螺属 *Sinum*

形态特征 壳扁平。螺肋低平而均匀。生长线细密。壳口大，卵圆形。

分　　布 我国福建以南沿海，以及印度－西太平洋。保护区内该物种分布在潮下带沙地。春季可见卵带。

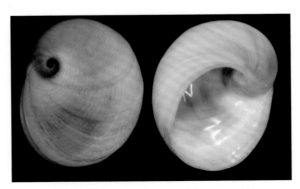

爪哇窦螺 *Sinum javanicum*（Gray，1834）

扁玉螺

Neverita didyma（Röding，1798）

分类地位 软体动物门 Mollusca 腹足纲 Gastropoda（目）Littorinimorpha 玉螺科 Naticidae 扁玉螺属 *Neverita*

形态特征 壳顶观呈圆形,侧面观呈半圆形。表面光滑。壳口半圆形,褐色。

分 布 我国沿海,以及日本。保护区内该物种分布在潮下带水深超过 12 m 的沙地。

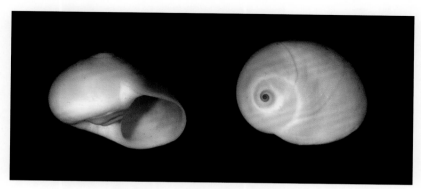

扁玉螺 *Neverita didyma*（Röding，1798）

大口乳玉螺

Mammilla kurodai（Iw. Taki，1944）

分类地位 软体动物门 Mollusca 腹足纲 Gastropoda（目）Littorinimorpha 玉螺科 Naticidae（属）*Mammilla*

形态特征 壳呈卵形。螺肋细密。生长线粗糙。壳口卵圆形。

分 布 我国台湾、广东、海南、广西,以及日本、菲律宾、澳大利亚。保护区内该物种分布在珊瑚礁区,未见活体。

大口乳玉螺 *Mammilla kurodai*（Iw. Taki，1944）

乳玉螺
Mammilla mammata（Röding，1798）

分类地位　软体动物门 Mollusca 腹足纲 Gastropoda（目）Littorinimorpha 玉螺科 Naticidae（属）*Mammilla*

形态特征　壳呈梨形,表面较粗糙,具有细密的环行和纵行线纹。壳口大,内面白色,杂有棕色。

分　　布　我国福建、台湾、广东、海南,以及印度－西太平洋。保护区内该物种分布在潮下带沙地。

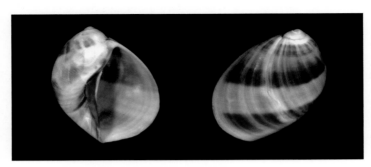

乳玉螺 *Mammilla mammata*（Röding，1798）

脐穴乳玉螺
Polinices flemingianus（Récluz，1844）

分类地位　软体动物门 Mollusca 腹足纲 Gastropoda（目）Littorinimorpha 玉螺科 Naticidae 乳玉螺属 *Polinices*

形态特征　壳近卵形,表面一般光滑,有时出现皱纹。壳口半圆形。

分　　布　我国台湾、海南、广西,以及日本、菲律宾和澳大利亚。保护区内该物种分布在潮下带沙地。

脐穴乳玉螺 *Polinices flemingianus*（Récluz，1844）

梨形乳玉螺
Polinices mammilla（**Linnaeus**，**1758**）

分类地位　软体动物门 Mollusca 腹足纲 Gastropoda（目）Littorinimorpha 玉螺科 Naticidae 乳玉螺属 *Polinices*

形态特征　壳呈梨形，表面光滑无肋，富有光泽。壳口较窄，半圆形，内面白色。

分　　布　我国台湾、广东、海南、广西，以及印度－西太平洋。保护区内该物种分布在珊瑚礁沙地，未见活体。

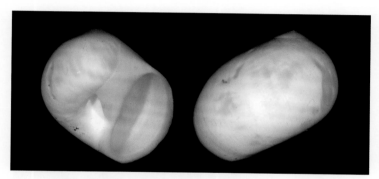

梨形乳玉螺 *Polinices mammilla*（Linnaeus，1758）

枣红眼球贝
Naria helvola（**Linnaeus**，**1758**）

分类地位　软体动物门 Mollusca 腹足纲 Gastropoda（目）Littorinimorpha 宝贝科 Cypraeidae（属）*Naria*

形态特征　壳呈卵形，表面光滑，具瓷质光泽，淡绿色，有密集的白色斑点。壳口窄。

分　　布　我国台湾、广东、香港、海南，以及印度－西太平洋暖水域。保护区内该物种分布在珊瑚礁缝隙。

枣红眼球贝 *Naria helvola*（Linnaeus，1758）

黍斑眼球贝
Naria miliaris（Gmelin，1791）

  分类地位 软体动物门 Mollusca 腹足纲 Gastropoda（目）Littorinimorpha 宝贝科 Cypraeidae（属）*Naria*

  形态特征 壳略呈梨形，背部膨圆，表面有瓷质光泽，黄褐色，布满大小不同的白色斑点，壳口窄长。

  分 布 我国浙江以南沿海，以及西太平洋。保护区内该物种分布在珊瑚礁缝隙，夜间可在礁石表面发现。

黍斑眼球贝 *Naria miliaris*（Gmelin，1791）

厚缘拟枣贝
Erronea caurica（Linnaeus，1758）

  分类地位 软体动物门 Mollusca 腹足纲 Gastropoda（目）Littorinimorpha 宝贝科 Cypraeidae 拟枣贝属 *Erronea*

  形态特征 壳呈筒形，表面具细密的黄褐色斑点和不明显的褐色带。壳口狭长，内面淡紫色。

  分 布 我国福建、台湾、海南、广西，以及印度 - 西太平洋。保护区内该物种分布在潮下带珊瑚礁区。

厚缘拟枣贝 *Erronea caurica*（Linnaeus，1758）

玛瑙拟枣贝

Erronea onyx（**Linnaeus，1758**）

分类地位　软体动物门 Mollusca 腹足纲 Gastropoda（目）Littorinimorpha 宝贝科 Cypraeidae 拟枣贝属 *Erronea*

形态特征　壳呈梨形，壳面光滑，具瓷质光泽，两侧和基部黑褐色。壳口长，较宽。

分　布　我国台湾、福建平潭以南沿海，以及印度－西太平洋。保护区内该物种分布在潮下带水深 12 ～ 18 m 的礁石区礁石背面，较少见。

玛瑙拟枣贝 *Erronea onyx*（Linnaeus，1758）

拟枣贝

Erroneae rrones（**Linnaeus，1758**）

分类地位　软体动物门 Mollusca 腹足纲 Gastropoda（目）Littorinimorpha 宝贝科 Cypraeidae 拟枣贝属 *Erronea*

形态特征　壳近圆筒形，表面有许多不规则的褐色小斑点。壳口狭长。

分　布　我国台湾和福建以南沿海，以及西太平洋和印度洋。

拟枣贝 *Erroneae rrones*（Linnaeus，1758）

阿文绶贝
Mauritia arabica（Linnaeus，1758）

分类地位　软体动物门 Mollusca 腹足纲 Gastropoda（目）Littorinimorpha 宝贝科 Cypraeidae 绶贝属 *Mauritia*

形态特征　壳呈长卵形，表面具不规则的黑色花纹。壳口狭长。

分　　布　我国台湾和福建厦门以南沿海，以及东亚、南亚和印度洋北部。保护区该物种分布在珊瑚礁背面、礁石缝隙中。

阿文绶贝 *Mauritia arabica*（Linnaeus，1758）

虎斑宝贝
Cypraea tigris Linnaeus，1758

分类地位　软体动物门 Mollusca 腹足纲 Gastropoda（目）Littorinimorpha 宝贝科 Cypraeidae 宝贝属 *Cypraea*

形态特征　壳卵形，表面布满不规则的黑褐色斑点。壳口狭长，

分　　布　我国台湾、香港、海南，以及印度－太平洋暖水域。保护区内该物种分布在珊瑚礁区，非常少见。

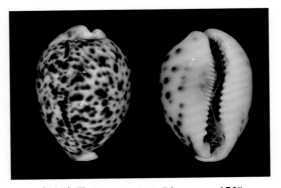

虎斑宝贝 *Cypraea tigris* Linnaeus，1758

疣坚果宝贝
Nucleolaria nucleus（Linnaeus，1758）

分类地位 软体动物门 Mollusca 腹足纲 Gastropoda（目）Littorinimorpha 宝贝科 Cypraeidae 坚果宝贝属 *Nucleolaria*

形态特征 壳呈卵形，较厚，结实，两端突出并向上翘起。背线近中央，微显弓曲，呈浅沟状。壳表面粗糙，不平坦，具有比较密集的、大小不等的疣状突起。

疣坚果宝贝 *Nucleolaria nucleus*（Linnaeus，1758）

分　　布 我国台湾、海南，以及印度－西太平洋暖水域。保护区内该物种分布在潮下带沙地，未见活体。

细紫端宝贝
Purpuradusta gracilis（Gaskoin，1849）

分类地位 软体动物门 Mollusca 腹足纲 Gastropoda（目）Littorinimorpha 宝贝科 Cypraeidae 紫端宝贝属 *Purpuradusta*

形态特征 壳呈长卵形，表面布满黄褐色斑点，在背部中央通常具 1 块褐色斑。壳口窄长。

分　　布 我国台湾和浙江以南沿海，以及印度－西太平洋。保护区内该物种分布在珊瑚礁区。

细紫端宝贝 *Purpuradusta gracilis*（Gaskoin，1849）

瓮 螺
Calpurnus verrucosus（Linnaeus，1758）

分类地位　软体动物门 Mollusca 腹足纲 Gastropoda（目）Littorinimorpha 梭螺科 Ovulidae 瓮螺属 *Calpurnus*

形态特征　壳近菱形,表面两端紫红色,两端凹坑内具 1 个疣状结节。壳口狭长,弓曲。

分　　布　我国东海、南海,以及印度－西太平洋。保护区内该物种生活在软珊瑚表面。

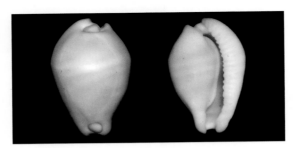

瓮螺 *Calpurnus verrucosus*（Linnaeus，1758）

武装尖梭螺
Cuspivolva bellica（C. N. Cate，1973）

分类地位　软体动物门 Mollusca 腹足纲 Gastropoda（目）Littorinimorpha 梭螺科 Ovulidae（属）*Cuspivolva*

形态特征　壳较小,呈纺锤形,表面通常刻有横向分布的沟纹。肩部较膨胀。后水管沟末端延伸并形成尖状突起,开口通常偏向左侧而不是正上方。壳口较狭窄。外唇通常较宽,具齿,越靠近后水管沟的齿越发达。轴唇在与后水管沟相连接的位置形成三角形的索带,索带上常具齿。

分　　布　我国东海、南海。保护区内该物种生活在柳珊瑚表面。

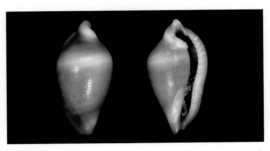

武装尖梭螺 *Cuspivolva bellica*（C. N. Cate，1973）

短喙骗梭螺

Phenacovolva brevirostris（**Schumacher，1817**）

分类地位　软体动物门 Mollusca 腹足纲 Gastropoda（目）Littorinimorpha 梭螺科 Ovulidae 骗梭螺属 *Phenacovolva*

形态特征　壳呈梭形,背部中央有 1 条白色螺带,两端有细螺纹。

分　　布　我国东海、南海。保护区内该物种生活在柳珊瑚表面。

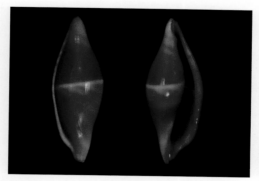

短喙骗梭螺 *Phenacovolva brevirostris*（Schumacher，1817）

玫瑰骗梭螺

Phenacovolva rosea（**A. Adams，1855**）

分类地位　软体动物门 Mollusca 腹足纲 Gastropoda（目）Littorinimorpha 梭螺科 Ovulidae 骗梭螺属 *Phenacovolva*

形态特征　壳呈长梭形,壳口下缘稍外翻;粉红色或紫红色,边缘白色。

分　　布　我国东海、南海。保护区内该物种生活在柳珊瑚表面。

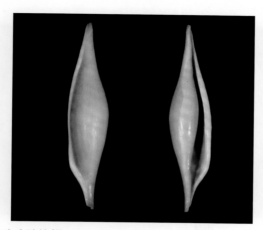

玫瑰骗梭螺 *Phenacovolva rosea*（A. Adams，1855）

玫瑰履梭螺
Sandalia triticea（**Lamarck，1810**）

分类地位　软体动物门 Mollusca 腹足纲 Gastropoda（目）Littorinimorpha 梭螺科 Ovulidae 履梭螺属 *Sandalia*

形态特征　壳呈长卵形，表面膨圆，具有丝状环形沟纹。壳口狭长，下方稍宽。

分　　布　我国东海、南海。保护区内该物种生活在柳珊瑚表面。

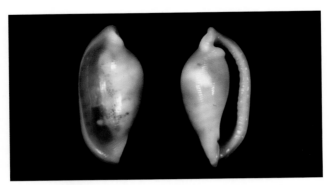

玫瑰履梭螺 *Sandalia triticea*（Lamarck，1810）

卵梭螺
Ovula ovum（**Linnaeus，1758**）

分类地位　软体动物门 Mollusca 腹足纲 Gastropoda（目）Littorinimorpha 梭螺科 Ovulidae 卵梭螺属 *Ovula*

形态特征　壳呈卵形，表面膨圆，平滑，无雕刻。壳口狭长，内面深咖啡色。

分　　布　我国台湾、广东、海南，以及印度－西太平洋。保护区内该物种分布在珊瑚礁区，较少见。

卵梭螺 *Ovula ovum*（Linnaeus，1758）

钝梭螺
Volva volvavolva（Linnaeus，1758）

分类地位　软体动物门 Mollusca 腹足纲 Gastropoda（目）Littorinimorpha 梭螺科 Ovulidae 钝梭螺属 *Volva*

形态特征　壳呈纺锤形，表面具环形沟纹，在两端剑状突起部的环纹较明显。壳口狭长，下方稍宽。

分　　布　我国台湾、广东、海南，以及印度－西太平洋。保护区内该物种分布在潮下带泥质底，未发现活体。

钝梭螺 *Volva volvavolva*（Linnaeus，1758）

半纹原瓮螺
Procalpurnus semistriatus（Pease，1863）

分类地位　软体动物门 Mollusca 腹足纲 Gastropoda（目）Littorinimorpha 梭螺科 Ovulidae 原瓮螺属 *Procalpurnus*

形态特征　壳呈卵形，表面有白色横纹，边缘外翻且呈白色。

分　　布　我国台湾、海南岛和西沙群岛，以及日本、菲律宾。保护区内该物种分布在软珊瑚表面。

纹原瓮螺 *Procalpurnus semistriatus*（Pease，1863）

鬘 螺
Phalium glaucum（Linnaeus，1758）

　　分类地位　软体动物门 Mollusca 腹足纲 Gastropoda（目）Littorinimorpha 冠螺科 Cassidae 鬘螺属 *Phalium*

　　形态特征　壳近球形,各螺层肩部具有 1 列结节状突起。壳口长卵圆形,内面杏黄色。

　　分　　布　我国台湾、广东、香港、海南,以及印度－西太平洋。保护区内该物种分布在潮下带深水区。

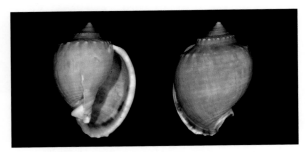

鬘螺 *Phalium glaucum*（Linnaeus，1758）

带鬘螺
Phalium bandatum（Perry，1811）

　　分类地位　软体动物门 Mollusca 腹足纲 Gastropoda（目）Littorinimorpha 冠螺科 Cassidae 鬘螺属 *Phalium*

　　形态特征　壳呈长卵形,表面有螺肋和纵螺肋,并具有纵向和横向的淡黄褐色螺带。壳口内面白色。

　　分　　布　我国台湾、广东、海南,以及西太平洋。保护区内该物种分布在潮下带深水区。

带鬘螺 *Phalium bandatum*（Perry，1811）

沟纹鬘螺
Phaliumflam miferum（Röding，1798）

分类地位　软体动物门 Mollusca 腹足纲 Gastropoda（目）Littorinimorpha 冠螺科 Cassidae 鬘螺属 *Phalium*

形态特征　壳呈长卵形,表面具有较宽的纵向的红褐色条纹。壳口狭长。

分　　布　我国长江以南沿海,以及朝鲜半岛、日本、菲律宾。保护区内该物种分布在潮下带深水区。

沟纹鬘螺 *Phaliumflam miferum*（Röding，1798）

双沟鬘螺
Semicassis bisulcata（Schubert & J. A. Wagner，1829）

分类地位　软体动物门 Mollusca 腹足纲 Gastropoda（目）Littorinimorpha 冠螺科 Cassidae（属）*Semicassis*

形态特征　壳近球形,表面具有低平的细螺纹。纵肿肋较弱。壳口长。

分　　布　我国江苏以南沿海,以及印度－西太平洋。保护区内该物种分布在潮下带深水区。

双沟鬘螺 *Semicassis bisulcata*（Schubert & J. A. Wagner，1829）

甲胄螺
Casmaria erinaceus（Linnaeus，1758）

分类地位　软体动物门 Mollusca 腹足纲 Gastropoda（目）Littorinimorpha 冠螺科 Cassidae 甲胄螺属 *Casmaria*

形态特征　壳呈卵形，有 5～6 条微弱的淡褐色带。体螺层表面常有纵褶。壳口宽大。

分　　布　我国台湾、西沙群岛、南沙群岛，以及印度－西太平洋。保护区内该物种分布在珊瑚礁区，未见活体。

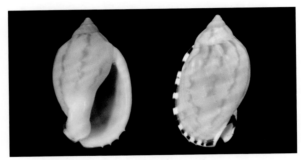

甲胄螺 *Casmaria erinaceus*（Linnaeus，1758）

笨甲胄螺
Casmaria ponderosa（Gmelin，1791）

分类地位　软体动物门 Mollusca 腹足纲 Gastropoda（目）Littorinimorpha 冠螺科 Cassidae 甲胄螺属 *Casmaria*

形态特征　壳呈长卵形。体螺层膨圆，肩部具纵走的结节。壳口内面白色或淡褐色。

分　　布　我国台湾、海南岛、西沙群岛，以及印度－西太平洋。保护区内该物种分布在珊瑚礁区，未见活体。

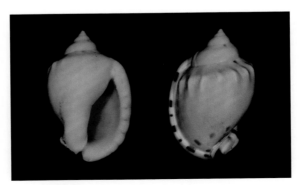

笨甲胄螺 *Casmaria ponderosa*（Gmelin，1791）

斑鹑螺

Tonna dolium（**Linnaeus，1758**）

分类地位 软体动物门 Mollusca 腹足纲 Gastropoda（目）Littorinimorpha 鹑螺科 Tonnidae 鹑螺属 *Tonna*

形态特征 壳近球形。体螺层上部肋间距较大，下部的较小。肋上有近方形的褐色斑。壳口半圆形。

分　　布 我国台湾、海南，以及日本、菲律宾、马来群岛。保护区内该物种分布在潮下带深水区。

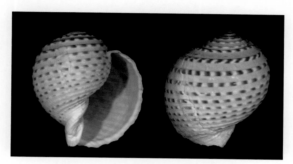

斑鹑螺 *Tonna dolium*（Linnaeus，1758）

带鹑螺

Tonna galea（**Linnaeus，1758**）

分类地位 软体动物门 Mollusca 腹足纲 Gastropoda（目）Littorinimorpha 鹑螺科 Tonnidae 鹑螺属 *Tonna*

形态特征 壳近球形，表面有粗细不等的栗褐色细肋。壳口内面白色。

分　　布 我国浙江、福建、台湾、广东、海南，以及印度－西太平洋。保护区内该物种分布在潮下带深水区。

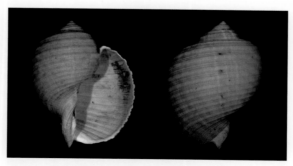

带鹑螺 *Tonna galea*（Linnaeus，1758）

沟鹑螺

Tonna sulcosa（Born，1778）

分类地位　软体动物门 Mollusca 腹足纲 Gastropoda（目）Littorinimorpha 鹑螺科 Tonnidae 鹑螺属 *Tonna*

形态特征　壳近球形。体螺层膨圆。缝合线较深。壳口近半圆形。

分　　布　我国东海、南海，以及印度－西太平洋。保护区内该物种分布在潮下带深水区。

沟鹑螺 *Tonna sulcosa*（Born，1778）

葫鹑螺

Tonna allium（Dillwyn，1817）

分类地位　软体动物门 Mollusca 腹足纲 Gastropoda（目）Littorinimorpha 鹑螺科 Tonnidae 鹑螺属 *Tonna*

形态特征　壳近球形，表面具稀疏而突起的螺肋，肋间距较宽。壳口半圆形，内面白色。

分　　布　我国台湾和广东以南沿海，印度－西太平洋热带水域。保护区内该物种分布在潮下带深水区。

葫鹑螺 *Tonna allium*（Dillwyn，1817）

黄口鹑螺

Tonna luteostoma（Küster，1857）

分类地位 软体动物门 Mollusca 腹足纲 Gastropoda（目）Littorinimorpha 鹑螺科 Tonnidae 鹑螺属 _Tonna_

形态特征 壳近球形,表面黑白条纹与棕色条纹相间分布。螺肋突起,肋间距较宽。壳口宽大,内面白色。

分　　布 我国南海,以及印度－西太平洋。保护区内该物种分布在潮下带深水区。

黄口鹑螺 _Tonna luteostoma_（Küster，1857）

苹果螺

Malea pomum（Linnaeus，1758）

分类地位 软体动物门 Mollusca 腹足纲 Gastropoda（目）Littorinimorpha 鹑螺科 Tonnidae 苹果螺属 _Malea_

形态特征 壳呈卵形,表面具较宽的螺肋。壳口小,内面橘黄色。

分　　布 我国台湾、西沙群岛,以及印度－西太平洋。保护区内该物种分布在潮下带深水区。

苹果螺 _Malea pomum_（Linnaeus，1758）

长琵琶螺
Ficus gracilis（G. B. Sowerby I，1825）

分类地位 软体动物门 Mollusca 腹足纲 Gastropoda（目）Littorinimorpha 琵琶螺科 Ficidae 琵琶螺属 *Ficus*

形态特征 壳呈琵琶形，表面具有低平的螺肋。纵肋较细弱，和螺肋交织成小方格状。壳口狭长。

分　布 我国台湾和福建以南沿海，以及日本、菲律宾等地海域。保护区内该物种分布在潮下带深水区。

长琵琶螺 *Ficus gracilis*（G. B. Sowerby I，1825）

白带琵琶螺
Ficus subintermedia（d'Orbigny，1852）

分类地位 软体动物门 Mollusca 腹足纲 Gastropoda（目）Littorinimorpha 琵琶螺科 Ficidae 琵琶螺属 *Ficus*

形态特征 壳呈琵琶形，表面淡褐色，具较弱的紫褐色斑点。壳口长。

分　布 我国东南沿海，以及印度－西太平洋。保护区内该物种分布在潮下带深水区。

白带琵琶螺 *Ficus subintermedia*（d'Orbigny，1852）

粒蝌蚪螺

Gyrineum natator（**Röding，1798**）

分类地位　软体动物门 Mollusca 腹足纲 Gastropoda（目）Littorinimorpha（科）Cymatiidae 蝌蚪螺属 *Gyrineum*

形态特征　壳略呈三角形，表面纵肋、环肋交织成整齐的颗粒状黑色突起。壳口卵圆形。

分　　布　我国浙江以南沿海，以及印度－西太平洋暖水域。保护区内该物种分布在潮下带沙地。

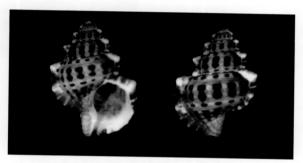

粒蝌蚪螺 *Gyrineum natator*（Röding，1798）

双节蝌蚪螺

Gyrineum bituberculare（**Lamarck，1816**）

分类地位　软体动物门 Mollusca 腹足纲 Gastropoda（目）Littorinimorpha（科）Cymatiidae 蝌蚪螺属 *Gyrineum*

形态特征　壳小。除壳顶外，各螺层具较粗的螺肋和纵肋，两肋交织形成结节突起。壳口近圆形。

分　　布　我国台湾、广东、海南、广西，以及西太平洋热带水域。保护区内该物种分布在潮下带沙地。

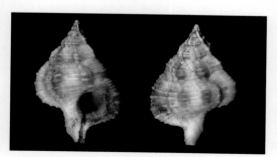

双节蝌蚪螺 *Gyrineum bituberculare*（Lamarck，1816）

尾嵌线螺
Ranularia caudata（Gmelin，1791）

分类地位　软体动物门 Mollusca 腹足纲 Gastropoda（目）Littorinimorpha（科）Cymatiidae（属）*Ranularia*

形态特征　壳呈鼓槌形。各螺层有成对排列的螺肋。螺肋和纵肋交叉成瘤状结节。壳口卵圆形。

分　　布　我国台湾和广东以南沿海，以及西太平洋热带水域。保护区内该物种分布在珊瑚礁区。

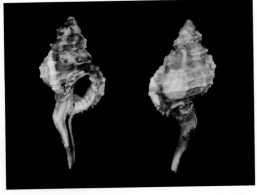

尾嵌线螺 *Ranularia caudata*（Gmelin，1791）

梨形嵌线螺
Ranularia pyrum（Linnaeus，1758）

分类地位　软体动物门 Mollusca 腹足纲 Gastropoda（目）Littorinimorpha（科）Cymatiidae（属）*Ranularia*

形态特征　壳略呈梨形。体螺层具 6 条宽粗的螺肋。壳口内面橘红色。

分　　布　我国台湾、广东、海南，以及印度 - 西太平洋。保护区内该物种分布在珊瑚礁区。

梨形嵌线螺 *Ranularia pyrum*（Linnaeus，1758）

珠粒嵌线螺
Monoplex gemmatus（Reeve，1844）

分类地位　软体动物门 Mollusca 腹足纲 Gastropoda（目）Littorinimorpha（科）Cymatiidae（属）*Monoplex*

形态特征　壳呈纺锤形,有明显的螺肋细弱的纵肋。壳口小,橄榄形。

分　　布　我国台湾、海南,以及西太平洋热带水域。保护区内该物种分布在潮下带深水区。

珠粒嵌线螺 *Monoplex gemmatus*（Reeve，1844）

毛嵌线螺
Monoplex pilearis（Linnaeus，1758）

分类地位　软体动物门 Mollusca 腹足纲 Gastropoda（目）Littorinimorpha（科）Cymatiidae（属）*Monoplex*

形态特征　壳呈纺锤形,表面密生粗细不均的螺肋。螺肋与纵肋交织成布目状。壳口内面橘黄色。

分　　布　我国台湾、海南、广西,以及印度－西太平洋。保护区内该物种分布在珊瑚礁区。

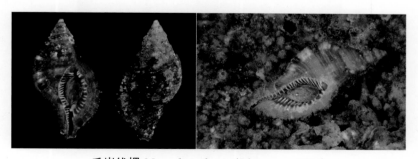

毛嵌线螺 *Monoplex pilearis*（Linnaeus，1758）

黑斑嵌线螺
Lotoria lotoria（Linnaeus，1758）

分类地位　软体动物门 Mollusca 腹足纲 Gastropoda（目）Littorinimorpha（科）Cymatiidae（属）*Lotoria*

形态特征　壳较大，两侧具纵肿肋，并有粗细不均的螺肋和发达的瘤状突起。壳口卵圆形。

分　　布　我国台湾、海南，以及印度－西太平洋。保护区内该物种分布在潮下带深水区。

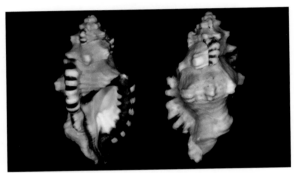

黑斑嵌线螺 *Lotoria lotoria*（Linnaeus，1758）

扭　螺
Distorsio anus（Linnaeus，1758）

分类地位　软体动物门 Mollusca 腹足纲 Gastropoda（目）Littorinimorpha 扭螺科 Personidae 扭螺属 *Distorsio*

形态特征　壳近塔形，表面灰白色，杂有紫褐色螺带或斑纹。壳口收缩。

分　　布　我国台湾、海南，以及印度－西太平洋。保护区内该物种分布在潮下带深水区。

扭螺 *Distorsio anus*（Linnaeus，1758）

网纹扭螺
Distorsio reticularis（Linnaeus，1758）

分类地位 软体动物门 Mollusca 腹足纲 Gastropoda（目）Littorinimorpha 扭螺科 Personidae 扭螺属 *Distorsio*

形态特征 壳略呈菱形，表面具纵肋和环肋，两肋相交呈网状。壳口黄褐色。

分　　布 我国东海、南海，以及印度－西太平洋。保护区内该物种分布在潮下带深水区。

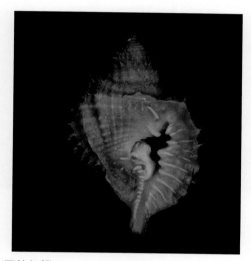

网纹扭螺 *Distorsio reticularis*（Linnaeus，1758）

习见赤蛙螺
Bufonaria rana（Linnaeus，1758）

分类地位 软体动物门 Mollusca 腹足纲 Gastropoda（目）Littorinimorpha 蛙螺科 Bursidae 赤蛙螺属 *Bufonaria*

形态特征 壳呈纺锤形，表面具有小颗粒突起组成的螺肋，并有结节突起和短棘。壳口橄榄形。

分　　布 我国台湾和浙江以南沿海，以及印度－西太平洋。保护区内该物种分布在潮下带深水区，泥底区域常见物种。

习见赤蛙螺 *Bufonaria rana*（Linnaeus，1758）

红口土发螺
Tutufa rubeta（Linnaeus，1758）

分类地位　软体动物门 Mollusca 腹足纲 Gastropoda（目）Littorinimorpha 蛙螺科 Bursidae 土发螺属 *Tutufa*

形态特征　壳略呈卵形,表面具念珠状的螺肋。壳口卵圆形,橘红色。

分　　布　我国台湾、海南,以及印度－西太平洋暖水域。保护区内该物种分布在潮下带深水区,未见活体。

红口土发螺 *Tutufa rubeta*（Linnaeus，1758）

大光螺
Melanella major（G. B. Sowerby I，1834）

分类地位　软体动物门 Mollusca 腹足纲 Gastropoda（目）Littorinimorpha 光螺科 Eulimidae 光螺属 *Melanella*

形态特征　壳表面白色或淡粉色,具瓷质光泽。壳口卵圆形,内面白色。

分　　布　我国台湾、西沙群岛,以及西太平洋。保护区内该物种分布在潮下带。

大光螺 *Melanella major*（G. B. Sowerby I，1834）

棒锥螺

Turritella bacillum Kiener，1843

分类地位 软体动物门 Mollusca 腹足纲 Gastropoda（目）Caenogastropoda（科）Turritellidae（属）*Turritella*

形态特征 壳呈尖锥形。螺层 20～30 层，层高、宽度增长均匀。壳口近圆形。

分　　布 东海、南海低潮线至水深 40 m 海底。保护区内该物种分布在潮下带 15 m 以深泥沙质底。

棒锥螺 *Turritella bacillum* Kiener，1843

平轴螺

Planaxis sulcatus（Born，1778）

分类地位 软体动物门 Mollusca 腹足纲 Gastropoda（目）Caenogastropoda 平轴螺科 Planaxidae 平轴螺属 *Planaxis*

形态特征 壳呈长卵形。螺肋宽平，排列整齐。壳口半圆形。

分　　布 我国台湾和福建以南沿海，以及日本、印度－西太平洋。保护区内该物种分布在潮间带，是优势物种。

平轴螺 *Planaxis sulcatus*（Born，1778）

小翼拟蟹守螺
Pirenella microptera（Kiener，1841）

分类地位　软体动物门 Mollusca 腹足纲 Gastropoda（目）Caenogastropoda 汇螺科 Potamididae（属）*Pirenella*

形态特征　壳呈长锥形，每层有 3 条发达的螺肋和排列整齐的纵走肋。壳口略呈菱形。

分　　布　我国福建以南沿海，以及西太平洋。保护区内该物种分布在红树林潮沟、潮间带泥沙质底。

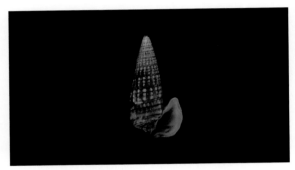

小翼拟蟹守螺 *Pirenella microptera*（Kiener，1841）

望远蟹守螺
Telescopium telescopium（Linnaeus，1758）

分类地位　软体动物门 Mollusca 腹足纲 Gastropoda（目）Caenogastropoda 汇螺科 Potamididae 望远蟹守螺属 *Telescopium*

形态特征　壳呈塔形，每层有螺肋 4～5 条。壳口近长方形。

分　　布　我国台湾、南海，以及西太平洋。保护区内该物种分布在红树林潮沟，未见活体。

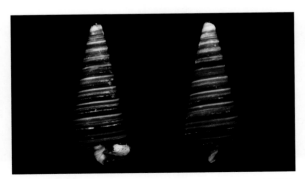

望远蟹守螺 *Telescopium telescopium*（Linnaeus，1758）

疣滩栖螺
Batillaria sordida（Gmelin，1791）

分类地位 软体动物门 Mollusca 腹足纲 Gastropoda（目）Caenogastropoda 滩栖螺科 Batillariidae 滩栖螺属 *Batillaria*

形态特征 壳呈锥形。螺肋由黑褐色结节状突起组成。壳口近圆形。

分　　布 我国福建、台湾、海南，以及西太平洋。保护区内该物种分布在潮间带岩石滩表面。

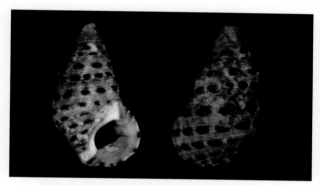

疣滩栖螺 *Batillaria sordida*（Gmelin，1791）

棘刺蟹守螺
Cerithium echinatum Lamarck，1822

分类地位 软体动物门 Mollusca 腹足纲 Gastropoda（目）Caenogastropoda 蟹守螺科 Cerithiidae 蟹守螺属 *Cerithium*

形态特征 壳呈塔形，表面粗糙，具有强弱不同的螺肋。壳口卵圆形。

分　　布 我国台湾、海南，以及印度－西太平洋。保护区内该物种分布在潮下带珊瑚礁缝隙中，未见活体。

棘刺蟹守螺 *Cerithium echinatum* Lamarck，1822

特氏蟹守螺（特氏楯桑葚螺）

Cerithium traillii G. B. Sowerby II，1855

分类地位　软体动物门 Mollusca 腹足纲 Gastropoda（目）Caenogastropoda 蟹守螺科 Cerithiidae 蟹守螺属 *Cerithium*

形态特征　壳呈塔形，每层螺层具 3 条由褐色念珠状突起组成的螺肋。壳口卵圆形。

分　　布　我国台湾、海南，以及西太平洋热带水域。保护区内该物种分布在潮间带岩石滩。

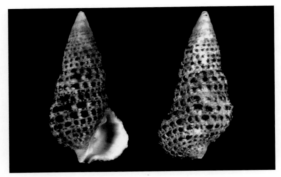

特氏蟹守螺（特氏楯桑葚螺）*Cerithium traillii* G. B. Sowerby II，1855

中华锉棒螺

Rhinoclavis sinensis（Gmelin，1791）

分类地位　软体动物门 Mollusca 腹足纲 Gastropoda（目）Caenogastropoda 蟹守螺科 Cerithiidae 锉棒螺属 *Rhinoclavis*

形态特征　壳呈锥形，表面黄褐色，具有细螺肋和紫色斑点。壳口斜卵圆形。

分　　布　我国福建、台湾、海南、广西，以及印度－太平洋。保护区内该物种分布在潮下带珊瑚礁间隙的沙地。

中华锉棒螺 *Rhinoclavis sinensis*（Gmelin，1791）

小楯桑葚螺

Clypeomorus bifasciata（G. B. Sowerby II，1855）

分类地位　软体动物门 Mollusca 腹足纲 Gastropoda（目）Caenogastropoda 蟹守螺科 Cerithiidae 楯桑葚螺属 *Clypeomorus*

形态特征　壳呈圆锥形，表面有成行排列的环行黑褐色珠粒状突起。壳口小，内面白色。

分　　布　我国南海，以及日本。保护区内该物种分布在潮间带岩石滩。

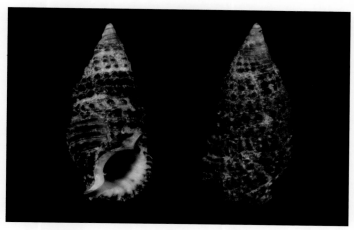

小楯桑葚螺 *Clypeomorus bifasciata*（G. B. Sowerby II，1855）

浅缝骨螺

Murex trapa Röding，1798

分类地位　软体动物门 Mollusca 腹足纲 Gastropoda 新腹足目 Neogastropoda 骨螺科 Muricidae 骨螺属 *Murex*

形态特征　壳呈纺锤形，表面螺肋与纵肋交织。螺层 8 层左右。壳口卵圆形。

分　　布　我国沿海，以及日本、越南、印度。保护区内该物种分布在潮下带水深 10 ～ 20 m 的沙地。

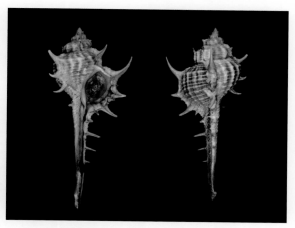

浅缝骨螺 *Murex trapa* Röding，1798

棘 螺
Chicoreus ramosus（Linnaeus，1758）

　　分类地位　软体动物门 Mollusca 腹足纲 Gastropoda 新腹足目 Neogastropoda 骨螺科 Muricidae 棘螺属 *Chicoreus*

　　形态特征　壳大。每螺层有纵肿肋 3 条，肋上有发达的分支状棘。壳口近圆形，内面白色。

　　分　　布　我国台湾、海南、广西，以及印度 - 西太平洋。保护区内该物种分布在潮下带深水区。

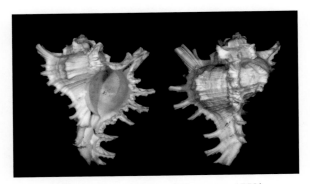

棘螺 *Chicoreus ramosus*（Linnaeus，1758）

褐棘螺
Chicoreus brunneus（Link，1807）

　　分类地位　软体动物门 Mollusca 腹足纲 Gastropoda 新腹足目 Neogastropoda 骨螺科 Muricidae 棘螺属 *Chicoreus*

　　形态特征　壳紫黑色或紫褐色。纵肿肋 3 条，其上有短而分支的棘。壳口小，卵圆形。

　　分　　布　我国台湾、广东、海南、广西，以及印度 - 西太平洋。保护区内该物种分布在珊瑚礁区。

褐棘螺 *Chicoreus brunneus*（Link，1807）

鸭蹼光滑眼角螺
Homalocantha anatomica（Perry，1811）

分类地位 软体动物门 Mollusca 腹足纲 Gastropoda 新腹足目 Neogastropoda 骨螺科 Muricidae 光滑眼角螺属 *Homalocantha*

形态特征 壳形奇特。各螺层有4～5条片状纵肋,肋上有长短不等的棘。壳口卵圆形。

分　　布 我国台湾、海南岛,以及印度－西太平洋。保护区内该物种分布在潮下带深水区。

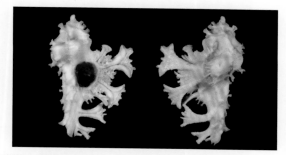

鸭蹼光滑眼角螺 *Homalocantha anatomica*（Perry，1811）

直吻泵骨螺
Vokesimurex rectirostris（G. B. Sowerby II，1841）

分类地位 软体动物门 Mollusca 腹足纲 Gastropoda 新腹足目 Neogastropoda 骨螺科 Muricidae（属）*Vokesimurex*

形态特征 壳相对薄。纵肋发达,肋间有3条发达的纵肿肋。壳口圆形。

分　　布 我国台湾,以及印度－西太平洋。保护区内该物种分布在潮下带深水区。

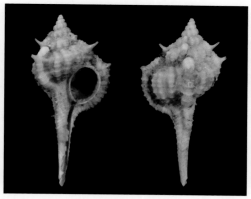

直吻泵骨螺 *Vokesimurex rectirostris*（G. B. Sowerby II，1841）

蛎敌荔枝螺
Indothais gradata（Jonas，1846）

分类地位　软体动物门 Mollusca 腹足纲 Gastropoda 新腹足目 Neogastropoda 骨螺科 Muricidae（属）*Indothais*

形态特征　壳侧面观呈菱形，表面布有紫褐色的斑纹或青褐色斑块。壳口长卵圆形。

分　　布　我国福建以南沿海，以及东南亚。保护区内该物种分布在潮下带深水区。

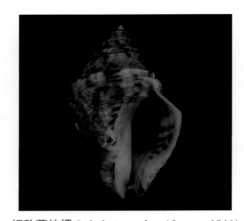

蛎敌荔枝螺 *Indothais gradata*（Jonas，1846）

刺荔枝螺
Mancinella echinata（Blainville，1832）

分类地位　软体动物门 Mollusca 腹足纲 Gastropoda 新腹足目 Neogastropoda 骨螺科 Muricidae（属）*Mancinella*

形态特征　壳呈橄榄形。每一螺层的中下方有 1 环列坚硬的角刺状突起。壳口卵圆形。

分　　布　我国台湾、海南、广西，以及西太平洋。保护区内该物种分布在珊瑚礁区。

刺荔枝螺 *Mancinella echinata*（Blainville，1832）

多角荔枝螺

Mancinella alouina（Röding，1798）

分类地位　软体动物门 Mollusca 腹足纲 Gastropoda 新腹足目 Neogastropoda 骨螺科 Muricidae（属）*Mancinella*

形态特征　壳略呈卵圆形。每一螺层近中部有1环列发达的角状突起。壳口卵圆形。

分　　布　我国海南，以及菲律宾、印度洋。保护区内该物种分布在潮间带岩石滩。

多角荔枝螺 *Mancinella alouina*（Röding，1798）

瘤荔枝螺

Reishia luteostoma（Holten，1802）

分类地位　软体动物门 Mollusca 腹足纲 Gastropoda 新腹足目 Neogastropoda 骨螺科 Muricidae（属）*Reishia*

形态特征　壳呈纺锤形，表面密生微细的螺纹及明显的纵走生长线。壳口大，淡橙色。

分　　布　我国东海，以及日本。保护区内该物种附着在人工建筑，如桥墩、码头柱表面。

瘤荔枝螺 *Reishia luteostoma*（Holten，1802）

疣荔枝螺
Reishia clavigera（Küster，1860）

　　分类地位　软体动物门 Mollusca 腹足纲 Gastropoda 新腹足目 Neogastropoda 骨螺科 Muricidae（属）*Reishia*

　　形态特征　壳略呈卵形，表面具黑灰色的疣状突起，密布细螺肋和生长线。壳口卵圆形。

　　分　　布　我国沿海，以及朝鲜半岛、日本、东南亚。保护区内该物种分布在潮间带岩石滩。

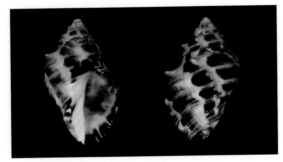

疣荔枝螺 *Reishia clavigera*（Küster，1860）

红豆荔枝螺
Thais armigera（Link，1807）

　　分类地位　软体动物门 Mollusca 腹足纲 Gastropoda 新腹足目 Neogastropoda 骨螺科 Muricidae 荔枝螺属 *Thais*

　　形态特征　壳呈卵形。每一螺层上有 1～2 列红紫色疱状突起。壳口内面淡橘黄色，具杏红色细肋纹。

　　分　　布　我国台湾和广东以南沿海，以及印度－西太平洋。保护区内该物种分布在珊瑚礁区。

红豆荔枝螺 *Thais armigera*（Link，1807）

蟾蜍荔枝螺
Purpura bufo **Lamarck，1822**

分类地位 软体动物门 Mollusca 腹足纲 Gastropoda 新腹足目 Neogastropoda 骨螺科 Muricidae 紫螺属 *Purpura*

形态特征 壳半球状，表面布满低平的螺肋。生长线较粗糙。壳口大，卵圆形。

分　　布 我国台湾、海南南部，以及西太平洋。保护区内该物种分布在潮下带岩石滩。

蟾蜍荔枝螺 *Purpura bufo* Lamarck，1822

多皱荔枝螺
Drupella rugosa（**Born，1778**）

分类地位 软体动物门 Mollusca 腹足纲 Gastropoda 新腹足目 Neogastropoda 骨螺科 Muricidae 小核果螺属 *Drupella*

形态特征 壳呈纺锤形。各螺层缝合线下方具一红褐色螺带。壳口卵圆形，内面白色。

分　　布 我国台湾、广西、海南，以及印度－西太平洋。保护区内该物种分布在潮下带岩石滩。

多皱荔枝螺 *Drupella rugosa*（Born，1778）

镶珠核果螺
Azumamorula mutica（Lamarck，1816）

镶珠核果螺 *Azumamorula mutica*
（Lamarck，1816）

分类地位　软体动物门 Mollusca 腹足纲 Gastropoda 新腹足目 Neogastropoda 骨螺科 Muricidae（属）*Azumamorula*

形态特征　壳近纺锤形,表面具紫黑色和红褐色交替排列的粒状结节。壳口长卵圆形。

分　布　我国福建、台湾、广东、海南、广西,以及西太平洋。保护区内该物种分布在珊瑚礁区。

肩棘螺
Latiaxis mawae（Gray，1833）

分类地位　软体动物门 Mollusca 腹足纲 Gastropoda 新腹足目 Neogastropoda 骨螺科 Muricidae 肩棘螺属 *Latiaxis*

形态特征　壳呈螺旋阶梯形,表面具细而排列紧密的螺肋和丝状生长线。壳口近圆形。

分　布　我国海南南部,以及日本、菲律宾。保护区内该物种分布在珊瑚礁区,未见活体。

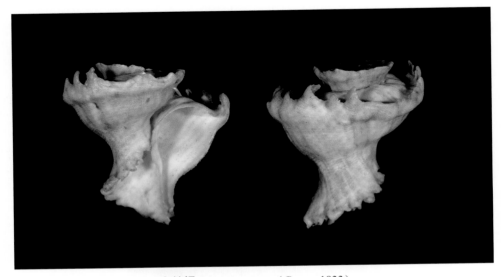

肩棘螺 *Latiaxis mawae*（Gray，1833）

杂色牙螺
Euplica scripta（**Lamarck，1822**）

分类地位　软体动物门 Mollusca 腹足纲 Gastropoda 新腹足目 Neogastropoda 核螺科 Columbellidae 牙螺属 *Euplica*

形态特征　壳略呈卵形，表面具有许多细碎的斑点或纵走的褐色或褐紫色波纹。壳口狭长。

分　　布　我国台湾、广东、海南，以及印度－西太平洋热带水域。保护区内该物种分布在珊瑚礁区。

杂色牙螺 *Euplica scripta*（Lamarck，1822）

丽小笔螺
Mitrella albuginosa（**Reeve，1859**）

分类地位　软体动物门 Mollusca 腹足纲 Gastropoda 新腹足目 Neogastropoda 核螺科 Columbellidae 小笔螺属 *Mitrella*

形态特征　壳呈纺锤形，表面黄白色，有褐色或紫褐色火焰状纵走的斑纹。壳口小。

分　　布　我国沿海，以及印度－西太平洋。保护区内该物种分布在潮间带，附着在海藻表面。

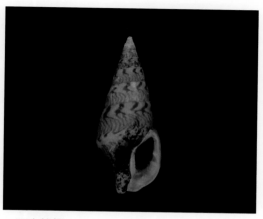

丽小笔螺 *Mitrella albuginosa*（Reeve，1859）

方斑东风螺
Babylonia areolata（Link，1807）

分类地位　软体动物门 Mollusca 腹足纲 Gastropoda 新腹足目 Neogastropoda（科）Babyloniidae 东风螺属 *Babylonia*

形态特征　壳呈长卵形，表面生长线细密，具长方形的紫褐色斑块。壳口半圆形。

分　　布　我国东海、南海，以及日本、斯里兰卡。保护区内该物种分布在潮下带沙质底，为周边养殖经济物种之一。

方斑东风螺 *Babylonia areolata*（Link，1807）

甲虫螺
Cantharus cecillei（R. A. Philippi，1844）

分类地位　软体动物门 Mollusca 腹足纲 Gastropoda 新腹足目 Neogastropoda（科）Pisaniidae 甲虫螺属 *Cantharus*

形态特征　壳呈纺锤形，表面具粗而圆的纵肋和细螺肋。壳口卵圆形，内面白色。

分　　布　我国沿海，以及日本。保护区内该物种分布在潮间带及潮下带。

甲虫螺 *Cantharus cecillei*（R. A. Philippi，1844）

角 螺
Hemifusus colosseus（Lamarck，1816）

分类地位 软体动物门 Mollusca 腹足纲 Gastropoda 新腹足目 Neogastropoda 盔螺（科）Melongenidae 角螺属 *Hemifusus*

形态特征 壳细长,表面具棕褐色的茸毛状壳皮。螺肋粗,肋间有细肋。壳口长卵圆形。

分 布 我国东海、南海,以及日本。保护区内该物种分布在潮下带泥沙质底。

角螺 *Hemifusus colosseus*（Lamarck，1816）

管角螺
Hemifusus tuba（Gmelin，1791）

分类地位 软体动物门 Mollusca 腹足纲 Gastropoda 新腹足目 Neogastropoda 盔螺科 Melongenidae 角螺属 *Hemifusus*

形态特征 壳呈纺锤形,表面具有粗细相间的螺肋和弱的纵肋。壳口大,内面淡黄色。

分 布 我国长江以南沿海,以及印度－太平洋。保护区内该物种分布在潮下带泥沙质底。

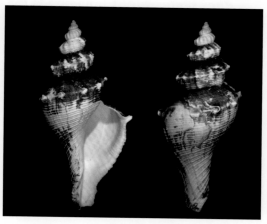

管角螺 *Hemifusus tuba*（Gmelin，1791）

厚角螺
Hemifusus crassicauda（R. A. Philippi，1849）

　　分类地位　软体动物门 Mollusca 腹足纲 Gastropoda 新腹足目 Neogastropoda 盔螺科 Melongenidae 角螺属 *Hemifusus*

　　形态特征　壳呈纺锤形。螺肋粗细相间。纵肋较粗。壳口长大，内面黄白色。

　　分　　布　我国东海、广东、海南、广西，以及日本。保护区内该物种分布在潮下带泥沙质底。

厚角螺 *Hemifusus crassicauda*（R. A. Philippi，1849）

亮　螺
Phos senticosus（Linnaeus，1758）

　　分类地位　软体动物门 Mollusca 腹足纲 Gastropoda 新腹足目 Neogastropoda 织纹螺科 Nassariidae 亮螺属 *Phos*

　　形态特征　壳呈纺锤形，表面有稀疏的纵肋和细密的螺肋。纵肋发达。壳口卵圆形。

　　分　　布　我国东海、南海，以及日本、印度－西太平洋水域。保护区内该物种分布在潮下带泥沙质底。

亮螺 *Phos senticosus*（Linnaeus，1758）

中华海因螺
Nassaria sinensis G. B. Sowerby II，1859

分类地位　软体动物门 Mollusca 腹足纲 Gastropoda 新腹足目 Neogastropoda 织纹螺科 Nassariidae 织纹螺属 *Nassaria*

形态特征　壳略呈塔形,表面布有稀疏的粗纵肋和细密的螺肋。壳口卵圆形,具肋纹。

分　布　我国东海、南海,以及印度－西太平洋。保护区内该物种分布在潮间带,未采集到活体。

中华海因螺 *Nassaria sinensis* G. B. Sowerby II，1859

蓝织纹螺
Nassarius livescens（R. A. Philippi，1849）

分类地位　软体动物门 Mollusca 腹足纲 Gastropoda 新腹足目 Neogastropoda 织纹螺科 Nassariidae 织纹螺属 *Nassarius*

形态特征　壳呈卵形,表面螺肋纵横交织成小颗粒状。壳口卵圆形,内面淡紫色。

分　布　我国海南、台湾,以及西太平洋暖水域。保护区内该物种分布在潮下带沙地。

蓝织纹螺 *Nassarius livescens*（R. A. Philippi，1849）

节织纹螺
Tritia reticulata（**Linnaeus，1758**）

分类地位 软体动物门 Mollusca 腹足纲 Gastropoda 新腹足目 Neogastropoda 织纹螺科 Nassariidae 织纹螺属 *Nassarius*

形态特征 壳呈长卵形，表面灰色，具发达的纵肋。体螺层基部有数条螺肋。壳口卵圆形。

分　　布 我国东海、南海，以及西太平洋。保护区内该物种分布在潮下带及珊瑚礁区沙地。

节织纹螺 *Tritia reticulata*（Linnaeus，1758）

黑顶织纹螺
Nassarius albescens（**Dunker，1846**）

分类地位 软体动物门 Mollusca 腹足纲 Gastropoda 新腹足目 Neogastropoda 织纹螺科 Nassariidae 织纹螺属 *Nassarius*

形态特征 壳呈短圆锥形，表面覆盖整齐排列的颗粒。壳口内面具肋纹。

分　　布 我国台湾、海南，以及西太平洋热带水域。保护区内该物种分布在潮下带及珊瑚礁区沙地。

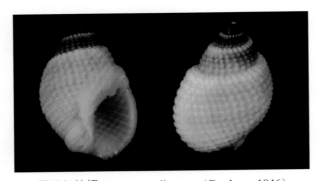

黑顶织纹螺 *Nassarius albescens*（Dunker，1846）

方格织纹螺
Nassarius conoidalis（Deshayes，1833）

分类地位　软体动物门 Mollusca 腹足纲 Gastropoda 新腹足目 Neogastropoda 织纹螺科 Nassariidae 织纹螺属 *Nassarius*

形态特征　壳略呈球形。体螺层背面常有1条白色的螺带。壳口卵圆形，有细螺纹。

分　　布　我国福建、广东和海南，以及日本、菲律宾。保护区内该物种分布在潮下带及珊瑚礁区沙地。

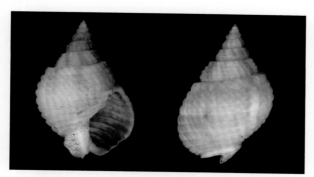

方格织纹螺 *Nassarius conoidalis*（Deshayes，1833）

秀丽织纹螺
Nassarius festivus（Powys，1835）

分类地位　软体动物门 Mollusca 腹足纲 Gastropoda 新腹足目 Neogastropoda 织纹螺科 Nassariidae 织纹螺属 *Nassarius*

形态特征　壳呈长卵形，表面有发达而稍斜行的纵肋和较细的螺肋。壳口卵圆形。

分　　布　我国沿海，以及印度－西太平洋。保护区内该物种分布在潮间带泥沙质底。

秀丽织纹螺 *Nassarius festivus*（Powys，1835）

橡子织纹螺
Nassarius glans（Linnaeus，1758）

分类地位 软体动物门 Mollusca 腹足纲 Gastropoda 新腹足目 Neogastropoda 织纹螺科 Nassariidae 织纹螺属 *Nassarius*

形态特征 壳呈长卵形，表面具褐色纵走的云状斑。螺旋沟纹中有红褐色线纹。

分　　布 我国广东、广西沿海，以及日本、菲律宾。保护区内该物种分布在珊瑚礁区。

橡子织纹螺 *Nassarius glans*（Linnaeus，1758）

刺织纹螺
Nassarius horridus（Dunker，1847）

分类地位 软体动物门 Mollusca 腹足纲 Gastropoda 新腹足目 Neogastropoda 织纹螺科 Nassariidae 织纹螺属 *Nassarius*

形态特征 壳呈卵形，表面有红褐色斑纹，以及发达而稍斜行的纵肋和较细的螺肋。壳口卵圆形。

分　　布 我国海南岛，以及印度 – 西太平洋。保护区内该物种分布在珊瑚礁区沙地，未见活体。

刺织纹螺 *Nassarius horridus*（Dunker，1847）

西格织纹螺
Nassarius siquijorensis（A. Adams，1852）

分类地位　软体动物门 Mollusca 腹 足 纲 Gastropoda 新 腹 足 目 Neogastropoda 织纹螺科 Nassariidae 织纹螺属 *Nassarius*

形态特征　壳呈卵形，表面具较粗的纵肋和细弱的螺肋。壳口卵圆形，内面有肋纹。

分　　布　我国东海、南海，以及日本。保护区内该物种分布在珊瑚礁区沙地，未见活体。

西格织纹螺 *Nassarius siquijorensis*（A. Adams，1852）

红带织纹螺
Nassarius succinctus（A. Adams，1852）

分类地位　软体动物门 Mollusca 腹足纲 Gastropoda 新腹足目 Neogastropoda 织纹螺科 Nassariidae 织纹螺属 *Nassarius*

形态特征　壳呈纺锤形。体螺层有 3 条红褐色螺带。壳口卵圆形，内面有肋纹。

分　　布　我国沿海，以及日本、菲律宾。保护区内该物种分布在潮下带。

红带织纹螺 *Nassarius succinctus*（A. Adams，1852）

隐匿织纹螺
Nassarius velatus（A. Gould，1850）

分类地位　软体动物门 Mollusca 腹足纲 Gastropoda 新腹足目 Neogastropoda 织纹螺科 Nassariidae 织纹螺属 *Nassarius*

形态特征　壳呈纺锤形，表面有棕褐色和白色相间的云状斑和棕褐色细线。壳口卵圆形。

分　　布　我国台湾、海南、广西，以及留尼汪岛到日本沿海。保护区内该物种分布在潮下带。

隐匿织纹螺 *Nassarius velatus*（A. Gould，1850）

红口榧螺
Olivella miliacea（Marrat，1871）

分类地位　软体动物门 Mollusca 腹足纲 Gastropoda 新腹足目 Neogastropoda 榧螺科 Olividae 榧螺属 *Oliva*

形态特征　壳呈长卵形，表面花纹在个体间有变化，一般为黄色底，饰有淡褐色斑块。壳口狭长。

分　　布　我国台湾、广东、广西，以及印度 - 西太平洋热带水域。保护区内该物种分布在潮下带。

红口榧螺 *Olivella miliacea*（Marrat，1871）

伶鼬榧螺

Oliva mustelina **Lamarck, 1844**

分类地位　软体动物门 Mollusca 腹足纲 Gastropoda 新腹足目 Neogastropoda 榧螺科 Olividae 榧螺属 *Oliva*

形态特征　壳呈长卵形，表面花纹在个体间有变化，一般呈波浪形条纹。壳口狭长。

分　　布　印度 - 西太平洋热带水域。保护区内该物种分布在潮下带沙地。

伶鼬榧螺 *Oliva mustelina* Lamarck，1844

金笔螺

Strigatella aurantia（**Gmelin，1791**）

分类地位　软体动物门 Mollusca 腹足纲 Gastropoda 新腹足目 Neogastropoda 笔螺科 Mitridae（属）*Strigatella*

形态特征　壳呈橄榄状，表面橘黄色或黄褐色，每层有 4 ～ 5 条钝而圆的螺肋。

分　　布　我国台湾、广东、海南，以及日本、菲律宾。保护区内该物种分布在珊瑚礁区。

金笔螺 *Strigatella aurantia*（Gmelin，1791）

笔 螺

Mitra（*Mitra*）*mitra*（Linnaeus，1758）

分类地位 软体动物门 Mollusca 腹足纲 Gastropoda 新腹足目 Neogastropoda 笔螺科 Mitridae 笔螺属 *Mitra*

形态特征 壳呈笋状，表面洁白，具有排列整齐而大小不等的朱红色斑块。

分 布 我国台湾、西沙群岛，以及印度－西太平洋热带水域。保护区内该物种分布在珊瑚礁区。

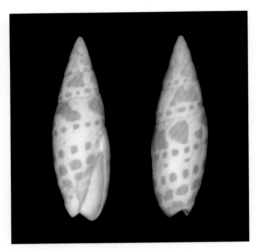

笔螺 *Mitra*（*Mitra*）*mitra*（Linnaeus，1758）

圆点笔螺

Strigatella scutulata（Gmelin，1791）

分 类 地 位 软 体 动 物 门 Mollusca 腹 足 纲 Gastropoda 新 腹 足 目 Neogastropoda 笔 螺 科 Mitridae（属）*Strigatella*

形态特征 壳呈纺锤形，表面除体螺层中部外有螺旋的线纹。壳口狭长，内面洁白略带淡紫色。

分 布 我国台湾、广东、海南，以及日本、菲律宾。保护区内该物种分布在珊瑚礁区。

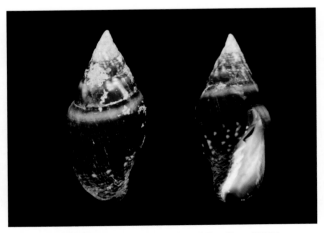

圆点笔螺 *Strigatella scutulata*（Gmelin，1791）

淡黄笔螺
Cancilla isabella（Swainson，1831）

分类地位　软体动物门 Mollusca 腹足纲 Gastropoda 新腹足目 Neogastropoda 笔螺科 Mitridae 格纹笔螺属 *Cancilla*

形态特征　壳呈长纺锤形，表面刻有明显的螺肋。螺肋在体螺层上有 30 余条。壳口狭长。

分　　布　我国台湾、广东，以及日本。保护区内该物种分布在珊瑚礁区。

淡黄笔螺 *Cancilla isabella*（Swainson，1831）

环肋笔螺
Domiporta circula（Kiener，1838）

分类地位　软体动物门 Mollusca 腹足纲 Gastropoda 新腹足目 Neogastropoda 笔螺科 Mitridae 多普笔螺属 *Domiporta*

形态特征　壳呈纺锤形，表面黄褐色。各螺层上部具 1 条白色环带。壳口狭长。

分　　布　我国南海，以及印度 - 西太平洋。保护区内该物种分布在珊瑚礁区。

环肋笔螺 *Domiporta circula*（Kiener，1838）

齿纹花生螺
Pterygia undulosa（Reeve，1844）

分类地位　软体动物门 Mollusca 腹足纲 Gastropoda 新腹足目 Neogastropoda 笔螺科 Mitridae 花生螺属 *Pterygia*

形态特征　壳形如花生，表面螺沟和生长线相交形成许多方格状雕刻纹。壳口狭长。

分　　布　我国台湾、广东、海南，以及日本、菲律宾。保护区内该物种分布在珊瑚礁区。

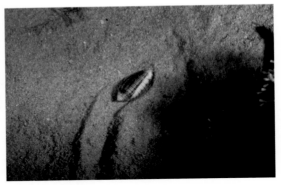

齿纹花生螺 *Pterygia undulosa*（Reeve，1844）

朱红菖蒲螺
Vexillum coccineum（Reeve，1844）

分类地位　软体动物门 Mollusca 腹足纲 Gastropoda 新腹足目 Neogastropoda 肋脊笔螺科 Costellariidae 菖蒲螺属 *Vexillum*

形态特征　壳呈纺锤形，表面有低而钝的细肋及细弱的螺肋。壳口狭长。

分　　布　我国台湾、海南，以及日本、菲律宾。保护区内该物种分布在潮下带。

朱红菖蒲螺 *Vexillum coccineum*（Reeve，1844）

四角细肋螺
Pleuroploca trapezium（Linnaeus，1758）

分类地位 软体动物门 Mollusca 腹足纲 Gastropoda 新腹足目 Neogastropoda 细带螺科 Fasciolariidae 细肋螺属 *Pleuroploca*

形态特征 壳呈纺锤形，表面有成对排列的细的紫褐色螺旋沟纹。壳口卵圆形，内面具紫褐色肋纹。

分　　布 我国台湾、西沙群岛，以及西太平洋。保护区内该物种分布在潮下带。

四角细肋螺 *Pleuroploca trapezium*（Linnaeus，1758）

紫口旋螺（鸽螺）
Peristernia nassatula（Lamarck，1822）

分类地位 软体动物门 Mollusca 腹足纲 Gastropoda 新腹足目 Neogastropoda 细带螺科 Fasciolariidae 鸽螺属 *Peristernia*

形态特征 壳呈短纺锤形，表面具发达的纵肋和细密的螺肋，纵肋间褐色。壳口卵圆形。

分　　布 我国台湾、海南，以及印度－西太平洋热带水域。保护区内该物种分布在珊瑚礁区。

紫口旋螺（鸽螺）*Peristernia nassatula*（Lamarck，1822）

笨重山黧豆螺
Latirus barclayi（Reeve，1847）

分类地位 软体动物门 Mollusca 腹足纲 Gastropoda 新腹足目 Neogastropoda 细带螺科 Fasciolariidae 山黧豆螺属 *Latirus*

形态特征 壳呈纺锤形，表面结节突起处颜色较淡。壳口卵圆形，内面有许多排列整齐的肋纹。

分布 我国西沙群岛、南沙群岛，以及西太平洋热带水域。保护区内该物种分布在珊瑚礁区。

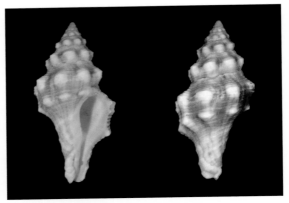

笨重山黧豆螺 *Latirus barclayi*（Reeve，1847）

多角山黧豆螺
Latirus polygonus（Gmelin，1791）

分类地位 软体动物门 Mollusca 腹足纲 Gastropoda 新腹足目 Neogastropoda 细带螺科 Fasciolariidae 山黧豆螺属 *Latirus*

形态特征 壳呈双锥形，表面具发达的黑白相间纵肋。壳口大，卵圆形。

分布 我国台湾、海南，以及印度－西太平洋。保护区内该物种分布在珊瑚礁区。

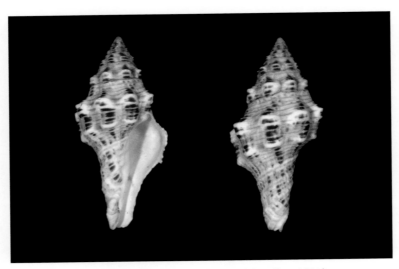

多角山黧豆螺 *Latirus polygonus*（Gmelin，1791）

塔形纺锤螺
Fusinus forceps（Perry，1811）

分类地位　软体动物门 Mollusca 腹足纲 Gastropoda 新腹足目 Neogastropoda 细带螺科 Fasciolariidae 纺锤螺属 *Fusinus*

形态特征　壳呈长纺锤形，表面被黄色壳皮及纵行的黄色绒毛。壳口卵圆形，内面有肋纹。

分　　布　我国台湾、广东、海南，以及西太平洋热带水域。保护区内该物种分布在潮下带。

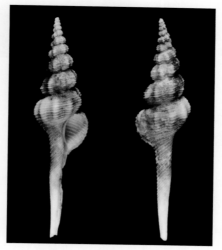

塔形纺锤螺 *Fusinus forceps*（Perry，1811）

电光螺
Fulgoraria rupestris（Gmelin，1791）

分类地位　软体动物门 Mollusca 腹足纲 Gastropoda 新腹足目 Neogastropoda 涡螺科 Volutidae 电光螺属 *Fulgoraria*

形态特征　壳狭长，除壳顶外，每层有发达的粗壮纵肋。生长线明显。壳口大。

分　　布　我国东海、南海，以及日本沿海。保护区内该物种分布在潮下带。

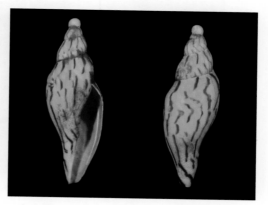

电光螺 *Fulgoraria rupestris*（Gmelin，1791）

中华衲螺
Merica sinensis（Reeve，1856）

分类地位 软体动物门 Mollusca 腹 足 纲 Gastropoda 新 腹 足 目 Neogastropoda 衲 螺 科 Cancellariidae （属）*Merica*

形态特征 壳呈卵形。次体层中部和体螺层的上、下部各有 1 条淡黄色的环带和数条纵带，这使壳表面形成大的方格形花纹。

分　布 我国南海，以及日本。保护区内该物种分布在潮下带。

中华衲螺 *Merica sinensis*（Reeve，1856）

脐孔三角口螺
Scalptia crenifera G. B. Sowerby I，1832

分类地位 软体动物门 Mollusca 腹足纲 Gastropoda 新腹足目 Neogastropoda 衲螺科 Cancellariidae（属）*Scalptia*

形态特征 壳呈卵形，表面各螺层具稀疏、较锐的纵肋。螺肋和生长线细。壳口小。

分　布 我国广东以南沿海，以及日本、菲律宾。保护区内该物种分布在珊瑚礁区，未见活体。

脐孔三角口螺 *Scalptia crenifera* G. B. Sowerby I，1832

美丽蕾螺
Gemmula speciosa（Reeve，1842）

美丽蕾螺 *Gemmula speciosa*（Reeve，1842）

分类地位　软体动物门 Mollusca 腹足纲 Gastropoda 新腹足目 Neogastropoda 塔螺科 Turridae 蕾螺属 *Gemmula*

形态特征　壳呈塔形，表面淡黄色，刻有细的螺肋。壳口小，卵圆形。

分　　布　我国南海。保护区内该物种分布在珊瑚礁区。

波纹塔螺
Turris crispa（Lamarck，1816）

分类地位　软体动物门 Mollusca 腹足纲 Gastropoda 新腹足目 Neogastropoda 塔螺科 Turridae 塔螺属 *Turris*

形态特征　壳细长，表面有粗细不均的螺肋。每一螺层有 3～5 条螺肋比较发达。壳口狭长。

分　　布　我国南海，以及日本、菲律宾。保护区内该物种分布在珊瑚礁区。

波纹塔螺 *Turris crispa*（Lamarck，1816）

诺曼塔螺
***Turris normandavidsoni* B. M. Olivera，2000**

　　分类地位　软体动物门 Mollusca 腹足纲 Gastropoda 新腹足目 Neogastropoda 塔螺科 Turridae 塔螺属 *Turris*
　　形态特征　壳细长，表面有黑白相间的条纹。每一螺层有 1 条发达螺肋。壳口狭长。
　　分　　布　我国南海，以及菲律宾。保护区内该物种分布在珊瑚礁区。

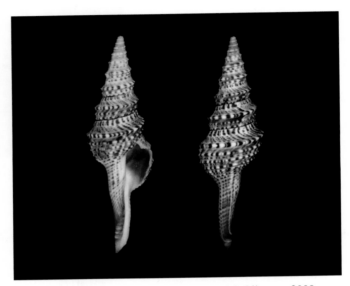

诺曼塔螺 *Turris normandavidsoni* B. M. Olivera，2000

爪哇拟塔螺
***Turricula javana*（Linnaeus，1767）**

　　分类地位　软体动物门 Mollusca 腹足纲 Gastropoda 新腹足目 Neogastropoda（科）Clavatulidae 拟塔螺属 *Turricula*

　　形态特征　壳呈纺锤形，表面上部只在缝合线下方有 2 条明显的螺肋，下部具大小不均的螺肋。壳口小。

　　分　　布　我国东海、南海，以及印度、日本、爪哇岛。保护区内该物种分布在珊瑚礁区。

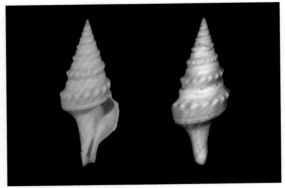

爪哇拟塔螺 *Turricula javana*（Linnaeus，1767）

杰氏卷管螺
Funa jeffreysii（E. A. Smith，1875）

分类地位　软体动物门 Mollusca 腹足纲 Gastropoda 新腹足目 Neogastropoda（科）Pseudomelatomidae 区系螺属 *Funa*

形态特征　壳细长；表面具明显的纵肋和细密的螺肋，二者交叉点呈颗粒状。壳口卵圆形，内面淡褐色。

分　　布　我国黄海、东海、南海，以及朝鲜半岛、日本。保护区内该物种分布在潮下带。

杰氏卷管螺 *Funa jeffreysii*（E. A. Smith，1875）

黑田短口螺
Inquisitor kurodai（Habe & Kosuge，1966）

分类地位　软体动物门 Mollusca 腹足纲 Gastropoda 新腹足目 Neogastropoda（科）Pseudomelatomidae 裁判螺属 *Inquisitor*

形态特征　壳呈纺锤形，表面褐灰色。纵肋斜行，隆起。壳口卵圆形。

分　　布　我国台湾、广东。保护区内该物种分布在潮下带泥沙质底。

黑田短口螺 *Inquisitor kurodai*（Habe & Kosuge，1966）

梭形芋螺
Conasprella orbignyi（Audouin，1831）

分类地位 软体动物门 Mollusca 腹足纲 Gastropoda 新腹足目 Neogastropoda 芋螺科 Conidae（属）*Conasprella*

形态特征 壳呈纺锤形，表面布有低平的螺肋和褐色斑点。肋间沟中形成小方格。

分　　布 我国东海、广东、海南，以及日本、菲律宾。保护区内该物种分布在潮下带。

梭形芋螺 *Conasprella orbignyi*（Audouin，1831）

桶形芋螺
Conus betulinus **Linnaeus，1758**

分类地位 软体动物门 Mollusca 腹足纲 Gastropoda 新腹足目 Neogastropoda 芋螺科 Conidae 芋螺属 *Conus*

形态特征 壳呈陀螺状，表面淡黄色，饰有排列成行的褐色斑点。壳口狭长。

分　　布 我国南海，以及日本。保护区内该物种分布在潮下带。

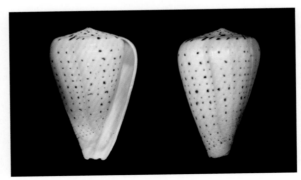

桶形芋螺 *Conus betulinus* Linnaeus，1758

疣缟芋螺
Conus lividus Hwass，1792

分类地位　软体动物门 Mollusca 腹足纲 Gastropoda 新腹足目 Neogastropoda 芋螺科 Conidae 芋螺属 *Conus*

形态特征　壳表面淡黄色或黄灰色,体螺层中部有 1 条白色环带。壳口狭长。

分　　布　我国台湾、海南,以及夏威夷至东非。保护区内该物种分布在潮下带。

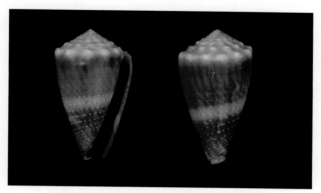

疣缟芋螺 *Conus lividus* Hwass，1792

织锦芋螺
Conus textile Linnaeus，1758

分类地位　软体动物门 Mollusca 腹足纲 Gastropoda 新腹足目 Neogastropoda 芋螺科 Conidae 芋螺属 *Conus*

形态特征　壳近纺锤形,具有大小不等且重叠的褐色织锦状美丽斑点。壳口稍宽而长。

分　　布　我国台湾和广东以南沿海,以及西太平洋。保护区内该物种分布在珊瑚礁区。

织锦芋螺 *Conus textile* Linnaeus，1758

锐芋螺
Conus lynceus **G. B. Sowerby II**，**1858**

分类地位　软体动物门 Mollusca 腹足纲 Gastropoda 新腹足目 Neogastropoda 芋螺科 Conidae 芋螺属 *Conus*

形态特征　壳呈纺锤形，表面有明显的螺肋和细的生长线。肋间呈沟状。壳口狭长。

分　　布　我国南海，以及日本。保护区内该物种分布在珊瑚礁区。

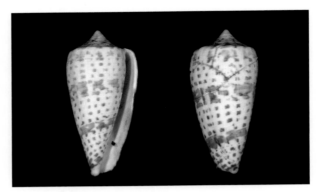

锐芋螺 *Conus lynceus* G. B. Sowerby II，1858

沟芋螺
Conus sulcatus **Hwass**，**1792**

分类地位　软体动物门 Mollusca 腹足纲 Gastropoda 新腹足目 Neogastropoda 芋螺科 Conidae 芋螺属 *Conus*

形态特征　壳倒圆锥形，表面有许多螺沟和肋，黄白色，无光泽。壳口狭长。

分　　布　南海，以及日本。保护区内该物种分布在珊瑚礁区。

沟芋螺 *Conus sulcatus* Hwass，1792

玛瑙芋螺

Conus achatinus Gmelin，1791

分类地位　软体动物门 Mollusca 腹足纲 Gastropoda 新腹足目 Neogastropoda 芋螺科 Conidae 芋螺属 *Conus*

形态特征　壳表面布满细的褐色或紫褐色环形点线花纹和比较大的淡蓝色或白色云状斑。壳口狭长。

分　　布　我国广东西部、海南、广西，以及日本。保护区内该物种分布在珊瑚礁区。

玛瑙芋螺 *Conus achatinus* Gmelin，1791

南方芋螺

Conus australis Holten，1802

分类地位　软体动物门 Mollusca 腹足纲 Gastropoda 新腹足目 Neogastropoda 芋螺科 Conidae 芋螺属 *Conus*

形态特征　壳呈纺锤形,表面布有褐色斑。壳口狭长,内面灰白色。

分　　布　我国台湾、广东,以及日本、菲律宾。保护区内该物种分布在珊瑚礁区。

南方芋螺 *Conus australis* Holten，1802

独特芋螺

***Conus caracteristicus* Fischer von Waldheim，1807**

分类地位　软体动物门 Mollusca 腹足纲 Gastropoda 新腹足目 Neogastropoda 芋螺科 Conidae 芋螺属 *Conus*

形态特征　壳呈低圆锥形，表面瓷白色，被有黄褐色壳皮。壳口狭长，内面瓷白色。

分　　布　我国广东以南沿海，以及印度－西太平洋。保护区内该物种分布在潮下带。

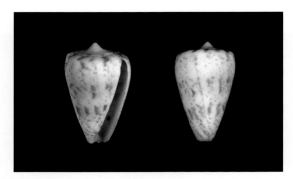

独特芋螺 *Conus caracteristicus* Fischer von Waldheim，1807

扩展芋螺

***Conus distans* Hwass，1792**

分类地位　软体动物门 Mollusca 腹足纲 Gastropoda 新腹足目 Neogastropoda 芋螺科 Conidae 芋螺属 *Conus*

形态特征　壳呈倒圆锥形，表面棕黄色，中央有白色条纹。体螺层仅基部有数条排列很稀的螺肋。壳口长，内面灰白色，末端呈紫色。

分　　布　我国台湾、南海，以及西太平洋。保护区内该物种分布在珊瑚礁区。

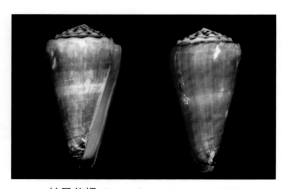

扩展芋螺 *Conus distans* Hwass，1792

乐谱芋螺
Conus musicus Hwass，1792

分类地位　软体动物门 Mollusca 腹足纲 Gastropoda 新腹足目 Neogastropoda 芋螺科 Conidae 芋螺属 *Conus*

形态特征　壳呈低圆锥形，体螺层灰白色，上布有褐色的点线状环纹。螺肋细弱。壳口狭长。

分　　布　我国台湾、海南，以及印度 - 西太平洋热带水域。保护区内该物种分布在珊瑚礁区。

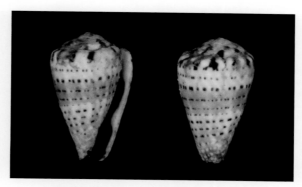

乐谱芋螺 *Conus musicus* Hwass，1792

马兰芋螺
Conus tulipa Linnaeus，1758

分类地位　软体动物门 Mollusca 腹足纲 Gastropoda 新腹足目 Neogastropoda 芋螺科 Conidae 芋螺属 *Conus*

形态特征　壳呈圆筒状，表面光滑，具光泽，仅在底部有螺旋纹。壳口广阔。

分　　布　我国海南，以及日本。保护区内该物种分布在珊瑚礁区，未见活体。

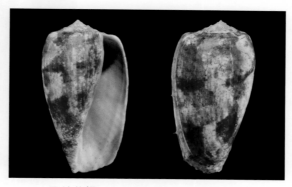

马兰芋螺 *Conus tulipa* Linnaeus，1758

菖蒲芋螺

***Conus vexillum* Gmelin，1791**

分类地位　软体动物门 Mollusca 腹足纲 Gastropoda 新腹足目 Neogastropoda 芋螺科 Conidae 芋螺属 *Conus*

形态特征　壳呈倒圆锥形，体螺层仅基部有数条排列很稀的螺肋。壳口长，内面灰白色。

分　　布　我国台湾、海南，以及非洲东岸至波利尼西亚。保护区内该物种分布在潮下带。

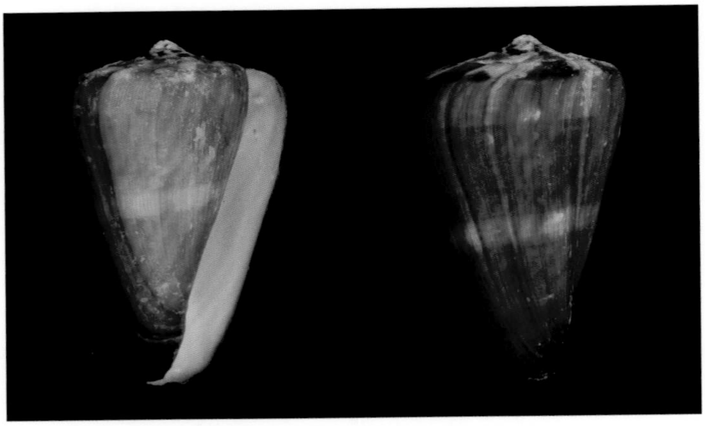

菖蒲芋螺 *Conus vexillum* Gmelin，1791

罫纹笋螺

***Oxymeris maculata*（Linnaeus，1758）**

分类地位　软体动物门 Mollusca 腹足纲 Gastropoda 新腹足目 Neogastropoda 笋螺科 Terebridae（属）*Oxymeris*

形态特征　壳较大，表面有淡黄色和白色相间的环带，并有纵走的白色线纹。

分　　布　我国台湾、西沙群岛，以及印度－西太平洋热带水域。保护区内该物种分布在潮下带。

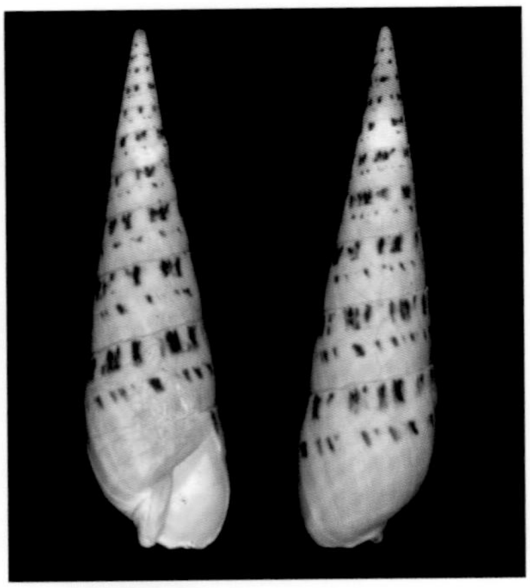

罫纹笋螺 *Oxymeris maculata*（Linnaeus，1758）

锥笋螺

Terebra subulata（**Linnaeus**，**1767**）

分类地位　软体动物门 Mollusca 腹足纲 Gastropoda 新腹足目 Neogastropoda 笋螺科 Terebridae 笋螺属 *Terebra*

形态特征　壳呈尖锥形，表面平滑。每一螺层有 2 列近方形的紫褐色斑块。

分　　布　我国台湾、西沙群岛，以及印度－西太平洋热带水域。保护区内该物种分布在潮下带。

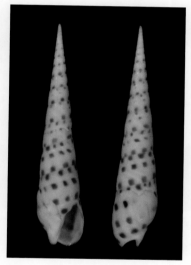

锥笋螺 *Terebra subulata*（Linnaeus，1767）

珍笋螺

Terebra pretiosa **Reeve**，**1842**

分类地位　软体动物门 Mollusca 腹足纲 Gastropoda 新腹足目 Neogastropoda 笋螺科 Terebridae 笋螺属 *Terebra*

形态特征　壳呈高锥形，表面黄褐色，布有红褐色斑块或环带。壳口较小。

分　　布　我国广东以南沿海，以及日本、菲律宾。保护区内该物种分布在潮下带。

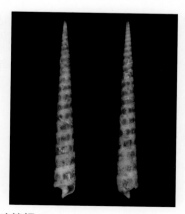

珍笋螺 *Terebra pretiosa* Reeve，1842

蛳梯螺（梯螺）
Epitonium scalare（Linnaeus，1758）

分类地位　软体动物门 Mollusca 腹足纲 Gastropoda（目）Caenogastropoda 梯螺科 Epitoniidae 梯螺属 *Epitonium*

形态特征　壳呈圆锥形，表面洁白或带棕色，具发达的片状肋。壳口近圆形。

分　　布　我国南海，以及日本。保护区内该物种分布在潮间带沙滩。

蛳梯螺 *Epitonium scalare*（Linnaeus，1758）

栏杆左锥螺
Viriola tricincta（Dunker，1882）

分类地位　软体动物门 Mollusca 腹足纲 Gastropoda（目）Caenogastropoda 三口螺科 Triphoridae 强三口螺属 *Viriola*

形态特征　个体极小。壳顶细小而尖锐。体表有白色突起螺层。左旋。

分　　布　我国福建、台湾、广东、西沙群岛，以及日本、印度洋。保护区内该物种分布在潮间带沙滩。

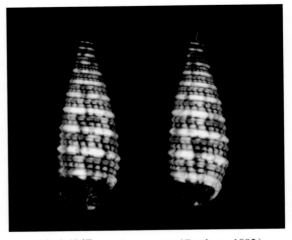

栏杆左锥螺 *Viriola tricincta*（Dunker，1882）

配景轮螺
Architectonica perspectiva（Linnaeus，1758）

分类地位　软体动物门 Mollusca 腹足纲 Gastropoda 轮螺科 Architectonicidae 轮螺属 *Architectonica*

形态特征　壳呈低圆锥形。各螺层上部具 1 条念珠状螺肋和 1 条褐色带。

分　　布　我国台湾、广东和海南，以及印度－西太平洋。保护区内该物种分布在潮下带。

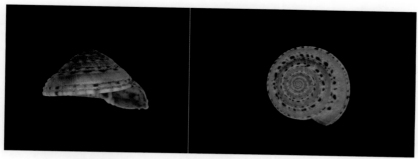

配景轮螺 *Architectonica perspectiva*（Linnaeus，1758）

壶腹枣螺
Bulla ampulla Linnaeus，1758

分类地位　软体动物门 Mollusca 腹足纲 Gastropoda 头楯目 Cephalaspidea 枣螺科 Bullidae 枣螺属 *Bulla*

形态特征　壳卵形，表面白色，有灰青、黄褐色斑纹。壳口宽长。

分　　布　我国台湾、海南，以及印度－西太平洋。保护区内该物种分布在珊瑚礁区沙地。

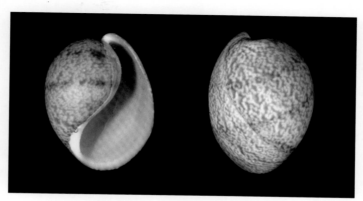

壶腹枣螺 *Bulla ampulla* Linnaeus，1758

阿地螺

Atys naucum（Linnaeus，1758）

分类地位 软体动物门 Mollusca 腹足纲 Gastropoda 头楯目 Cephalaspidea（科）Haminoeidae 阿地螺属 *Atys*

形态特征 壳中型，呈球形或卵形，稍厚，坚固，半透明，白色。壳顶部略呈斜截断形，中央形成1个洞穴。螺旋部内卷入体螺层内。体螺层膨胀，其长度相当于壳的全长。壳表面有沟状螺旋线。这些螺旋线在近两端较密集，在体螺层的中部较稀少。壳口开口与壳等长，呈弧形。

分　布 我国南海，以及印度－西太平洋。保护区内该物种分布在潮下带。

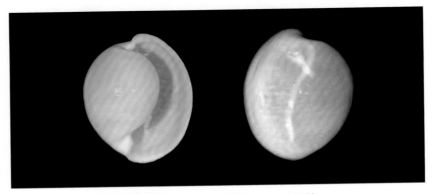

阿地螺 *Atys naucum*（Linnaeus，1758）

泥　螺

Bullacta caurina（W. H. Benson，1842）

分类地位 软体动物门 Mollusca 腹足纲 Gastropoda 头楯目 Cephalaspidea（科）Haminoeidae 泥螺属 *Bullacta*

形态特征 壳呈卵形，表面白色或淡黄色，有细密的螺旋沟。壳口宽。

分　布 我国沿海，以及日本、朝鲜半岛。保护区内该物种分布在潮间带泥滩。

泥螺 *Bullacta caurina*（W. H. Benson，1842）

日本菊花螺
Siphonaria japonica（Donovan，1824）

分类地位　软体动物门 Mollusca 腹足纲 Gastropoda（目）Siphonariida 菊花螺科 Siphonariidae 菊花螺属 *Siphonaria*

形态特征　壳呈笠状，自壳顶向四周发出粗细不等的放射肋，表面黄褐色，内面黑褐色，具瓷质光泽。

分　　布　我国沿海，以及朝鲜半岛、日本。保护区内该物种与藤壶一起附着在桥墩等人工建筑表面。

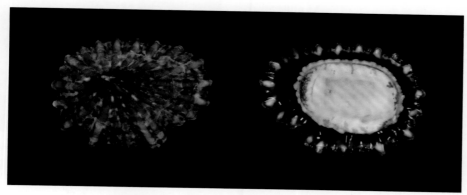

日本菊花螺 *Siphonaria japonica*（Donovan，1824）

蛛形菊花螺
Siphonaria sirius Pilsbry，1894

分类地位　软体动物门 Mollusca 腹足纲 Gastropoda（目）Siphonariida 菊花螺科 Siphonariidae 菊花螺属 *Siphonaria*

形态特征　壳呈低笠状，表面通常有6条粗的白色放射肋，肋间有细肋，内面黑褐色。

分　　布　我国福建、台湾、香港，以及日本。保护区内该物种与藤壶一起附着在桥墩等人工建筑表面。

蛛形菊花螺 *Siphonaria sirius* Pilsbry，1894

双壳纲

豆形胡桃蛤
Ennucula faba（F.-S. Xu，1999）

分类地位　软体动物门 Mollusca 双壳纲 Bivalvia 胡桃蛤目 Nuculoida 胡桃蛤科 Nuculidae（属）*Ennucula*

形态特征　两壳极膨胀，有颜色较深的年轮状同心纹。生长线细。

分　　布　本种在我国沿海均有分布。

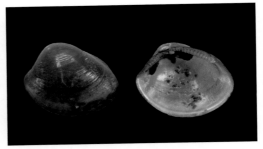

豆形胡桃蛤 *Ennucula faba*（F.-S. Xu，1999）

细须蚶
Barbatia stearnsii（Pilsbry，1895）

分类地位　软体动物门 Mollusca 双壳纲 Bivalvia（目）Arcida 蚶科 Arcidae 须蚶属 *Barbatia*

形态特征　壳横长，较侧扁。两壳的刻纹强度不同，左壳更粗糙。铰合齿在后部数量多。

分　　布　我国浙江、台湾、西沙群岛，以及日本。

细须蚶 *Barbatia stearnsii*（Pilsbry，1895）

布纹蚶

Barbatia grayana **Dunker，1867**

分类地位　软体动物门 Mollusca 双壳纲 Bivalvia（目）Arcida 蚶科 Arcidae 须蚶属 *Barbatia*

形态特征　壳呈长方形，前部放射肋较粗。同心肋同放射肋相交形成结节。

分　　布　我国广东大亚湾，以及澳大利亚。

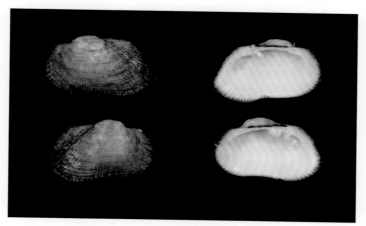

布纹蚶 *Barbatia grayana* Dunker，1867

褶白蚶

Acar plicata（**Dillwyn，1817**）

分类地位　软体动物门 Mollusca 双壳纲 Bivalvia（目）Arcida 蚶科 Arcidae 白蚶属 *Acar*

形态特征　壳呈长方形。放射肋和同心肋均很强壮，两者相交形成结节。

分　　布　我国福建、台湾、海南、广西，以及日本、越南、菲律宾、澳大利亚。

褶白蚶 *Acar plicata*（Dillwyn，1817）

棕蚶
Acar crustata（Tate，1886）

分类地位　软体动物门 Mollusca 双壳纲 Bivalvia（目）Arcida 蚶科 Arcidae 白蚶属 *Acar*

形态特征　壳呈椭圆形,表面放射线密集、细弱。铰合齿中央的小,两端的大。

分　　布　我国福建、广东、西沙群岛、广西,以及印度 – 西太平洋。

棕蚶 *Acar crustata*（Tate，1886）

扭蚶
Trisidos semitorta（Lamarck，1819）

分类地位　软体动物门 Mollusca 双壳纲 Bivalvia（目）Arcida 蚶科 Arcidae 扭蚶属 *Trisidos*

形态特征　两壳扭曲,前部的肋细密。铰合齿小。右壳后背区肋间沟特别宽。

分　　布　我国海南,以及东南亚、澳大利亚。

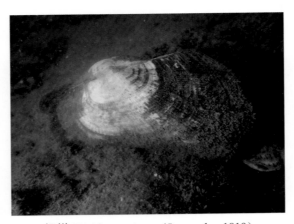

扭蚶 *Trisidos semitorta*（Lamarck，1819）

鳞片扭蚶

Trisidos kiyonoi（**Makiyama，1931**）

分类地位　软体动物门 Mollusca 双壳纲 Bivalvia（目）Arcida 蚶科 Arcidae 扭蚶属 *Trisidos*

形态特征　两壳扭曲,形态不同。左壳上的放射脊钝。

分　　布　我国福建以南沿海,以及印度－西太平洋暖水域。

鳞片扭蚶 *Trisidos kiyonoi*（Makiyama，1931）

半扭蚶

Trisidos semitorta（**Lamarck，1819**）

分类地位　软体动物门 Mollusca 双壳纲 Bivalvia（目）Arcida 蚶科 Arcidae 扭蚶属 *Trisidos*

形态特征　两壳扭曲,形态不同。壳表面的两放射肋间多有 1 条细的次生肋。铰合齿在中央者小。

分　　布　我国台湾、广东、海南,以及印度－西太平洋暖水域。

半扭蚶 *Trisidos semitorta*（Lamarck，1819）

密肋粗饰蚶
Anadaracre bricostata（Reeve，1844）

分类地位　软体动物门 Mollusca 双壳纲 Bivalvia（目）Arcida 蚶科 Arcidae 粗饰蚶属 *Anadara*

形态特征　壳呈长方形，表面放射肋 42 条左右。铰合齿在中部者小。

分　　布　我国广东、海南、广西，以及越南、菲律宾。

密肋粗饰蚶 *Anadaracre bricostata*（Reeve，1844）

娇嫩须蚶
Calloarca tenella（Reeve，1844）

分类地位　软体动物门 Mollusca 双壳纲 Bivalvia（目）Arcida 蚶科 Arcidae 属 *Calloarca*

形态特征　壳前部短，后部延长。放射线极为细密。

分　　布　我国海南，以及印度–西太平洋热带水域。

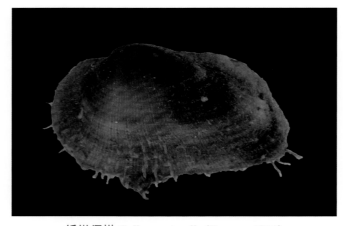

娇嫩须蚶 *Calloarca tenella*（Reeve，1844）

提氏细纹蚶
Verilarca thielei（Schenck & Reinhart，1938）

分类地位　软体动物门 Mollusca 双壳纲 Bivalvia（目）Arcida 细纹蚶科 Noetiidae 属 *Verilarca*

形态特征　壳呈长方形。放射线细密，排列整齐，约 60 条。铰合齿 40 余个。

分　布　我国南海，以及东南亚。

提氏细纹蚶 *Verilarca thielei*（Schenck & Reinhart，1938）

棕栉毛蚶
Didimacar tenebrica（Reeve，1844）

分类地位　软体动物门 Mollusca 双壳纲 Bivalvia（目）Arcida 细纹蚶科 Noetiidae 栉毛蚶属 *Didimacar*

形态特征　壳近四边形，表面放射肋细密。铰合齿 40 余个。

分　布　我国沿海，以及西太平洋。

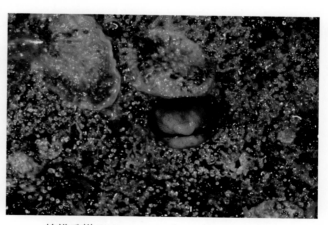

棕栉毛蚶 *Didimacar tenebrica*（Reeve，1844）

对称拟蚶
Arcopsis symmetrica（Reeve，1844）

分类地位　软体动物门 Mollusca 双壳纲 Bivalvia（目）Arcida 细纹蚶科 Noetiidae 拟蚶属 *Arcopsis*

形态特征　壳呈长方形，表面放射肋约 50 条。生长线同肋相交，形成小结节。

分　　布　我国沿海，以及朝鲜半岛、日本、缅甸、新加坡、印度尼西亚、菲律宾。

对称拟蚶 *Arcopsis symmetrica*（Reeve，1844）

粒帽蚶
Cucullaea labiata（Lightfoot，1786）

分类地位　软体动物门 Mollusca 双壳纲 Bivalvia（目）Arcida 帽蚶科 Cucullaeidae 帽蚶属 *Cucullaea*

形态特征　两壳膨胀。放射肋和生长线纤细，两者相交成布纹状。铰合齿中央者齿小。

分　　布　我国台湾、广东、海南、广西，以及印度 - 西太平洋。

粒帽蚶 *Cucullaea labiata*（Lightfoot，1786）

翡翠股贻贝

Perna viridis（Linnaeus，1758）

分类地位 软体动物门 Mollusca 双壳纲 Bivalvia（目）Mytilida 贻贝科 Mytilidae 股贻贝属 *Perna*

形态特征 壳呈楔形，表面光滑，通常为翠绿色或绿褐色。左壳有 2 个铰合齿，右壳有 1 个。

分　　布 我国浙江以南沿海，以及日本东京湾以南、东南亚、印度洋。

翡翠股贻贝 *Perna viridis*（Linnaeus，1758）

毛肌蛤

Gregariella barbata（Reeve，1858）

分类地位 软体动物门 Mollusca 双壳纲 Bivalvia（目）Mytilida 贻贝科 Mytilidae 绒贻贝属 *Gregariella*

形态特征 壳呈长椭圆形。放射肋细，主要在后区。铰合部无齿。

分　　布 我国南部沿海，以及澳大利亚。

毛肌蛤 *Gregariella barbata*（Reeve，1858）

珊瑚绒贻贝
Gregariella coralliophaga（Gmelin，1791）

分类地位　软体动物门 Mollusca 双壳纲 Bivalvia（目）Mytilida 贻贝科 Mytilidae 绒贻贝属 *Gregariella*

形态特征　壳呈短锥形，自壳顶到后缘有 1 条明显的棱角。铰合部无齿。

分　　布　我国山东以南沿海，以及日本、菲律宾、印度洋。

珊瑚绒贻贝 *Gregariella coralliophaga*（Gmelin，1791）

光石蛏
Lithophaga teres（R. A. Philippi，1846）

分类地位　软体动物门 Mollusca 双壳纲 Bivalvia（目）Mytilida 贻贝科 Mytilidae 石蛏属 *Lithophaga*

形态特征　壳呈圆柱形，表面平滑，具光泽，生长线细，无放射肋。铰合部无齿。

分　　布　我国广东、海南、广西，以及印度 - 西太平洋。

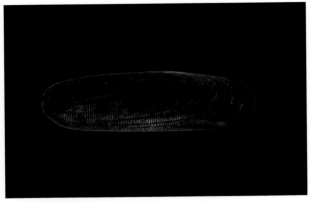

光石蛏 *Lithophaga teres*（R. A. Philippi，1846）

金石蛏
Lithophaga zitteliana Dunker，1882

分类地位 软体动物门 Mollusca 双壳纲 Bivalvia（目）Mytilida 贻贝科 Mytilidae 石蛏属 *Lithophaga*

形态特征 壳呈圆柱形，表面平滑，有光泽，无放射肋。

分　布 我国广东、海南、广西，以及印度－西太平洋。

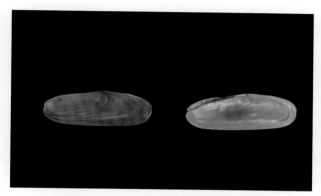

金石蛏 *Lithophaga zitteliana* Dunker，1882

硬膜石蛏
Lithophaga（*Leiosolenus*）*lithura* Pilsbry，1905

分类地位 软体动物门 Mollusca 双壳纲 Bivalvia（目）Mytilida 贻贝科 Mytilidae （属）*Leiosolenus*

形态特征 壳略呈圆柱形，表面平滑，而无放射肋，内面淡灰蓝色。

分　布 我国海南，以及菲律宾、澳大利亚。

硬膜石蛏 *Lithophaga*（*Leiosolenus*）*lithura* Pilsbry，1905

麦氏偏顶蛤
Modiolus metcalfei（Hanley，1843）

分类地位　软体动物门 Mollusca 双壳纲 Bivalvia（目）Mytilida 贻贝科 Mytilidae 偏顶蛤属 *Modiolus*

形态特征　壳近等边三角形,在隆肋的背面具有许多细长的黄色毛。

分　　布　我国沿海,以及日本四国以南的印度-西太平洋热带水域。

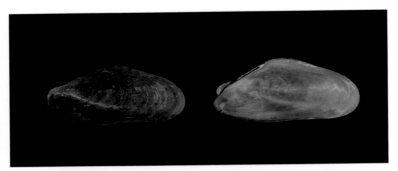

麦氏偏顶蛤 *Modiolus metcalfei*（Hanley，1843）

沼　蛤
Xenostrobus securis（Lamarck，1819）

分类地位　软体动物门 Mollusca 双壳纲 Bivalvia（目）Mytilida 贻贝科 Mytilidae（属）*Xenostrobus*

形态特征　壳略呈长三角形,表面有龙骨,绿褐色或黄褐色。铰合部无齿。

分　　布　在我国分布较广,在朝鲜半岛和日本也有分布。

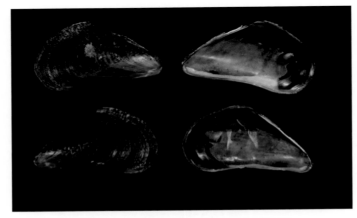

沼蛤 *Xenostrobus securis*（Lamarck，1819）

短壳肠蛤
Botulopa silicula（Lamarck，1819）

分类地位　软体动物门 Mollusca 双壳纲 Bivalvia（目）Mytilida 贻贝科 Mytilidae（属）*Botulopa*

形态特征　壳呈圆柱形，前缘和后缘皆呈圆弧形，后端稍宽扁。铰合部无齿。

分　　布　我国南海，以及日本、印度洋、大西洋。

短壳肠蛤 *Botulopa silicula*（Lamarck，1819）

长尖石蛏
Leiosolenus lepteces（Z.-R. Wang，1997）

分类地位　软体动物门 Mollusca 双壳纲 Bivalvia（目）Mytilida 贻贝科 Mytilidae（属）*Leiosolenus*

形态特征　壳呈细长柱形，自壳顶斜向背腹缘有 2 条细沟，两沟之间有几条纵褶。

分　　布　我国福建东山。

长尖石蛏 *Leiosolenus lepteces*（Z.-R. Wang，1997）

隔贻贝
Septifer bilocularis（Linnaeus，1758）

分类地位　软体动物门 Mollusca 双壳纲 Bivalvia（目）Mytilida 贻贝科 Mytilidae（属）*Septifer*

形态特征　壳多呈长方形，表面有细的放射肋，后端常有稀疏的壳毛。

分　　布　我国广东以南沿海，以及西太平洋热带水域。

隔贻贝 *Septifer bilocularis*（Linnaeus，1758）

栉江珧
Atrina pectinata（Linnaeus，1767）

分类地位　软体动物门 Mollusca 双壳纲 Bivalvia（目）Ostreida 江珧科 Pinnidae 江珧属 *Atrina*

形态特征　壳呈三角形，表面具有数条细的放射肋，肋上生有许多三角形小棘刺。

分　　布　我国沿海，以及日本海中部以南、印度－西太平洋热带水域。

栉江珧 *Atrina pectinata*（Linnaeus，1767）

旗江珧

Atrina vexillum（Born，1778）

分类地位　软体动物门 Mollusca 双壳纲 Bivalvia（目）Ostreida 江珧科 Pinnidae 江珧属 *Atrina*

形态特征　壳呈三角形或扇形。放射肋较细，其上具有稀疏小刺棘。

分　布　我国福建以南沿海，以及日本纪伊半岛以南的印度－西太平洋热带水域。

旗江珧 *Atrina vexillum*（Born，1778）

紫裂江珧

Pinna atropurpurea G. B. Sowerby I，1825

分类地位　软体动物门 Mollusca 双壳纲 Bivalvia（目）Ostreida 江珧科 Pinnidae 裂江珧属 *Pinna*

形态特征　壳略呈三角形或近扇形。放射肋细，有的不太清楚。铰合部无齿。

分　布　我国南海，以及印度洋、太平洋。

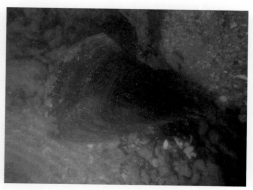

紫裂江珧 *Pinna atropurpurea* G. B. Sowerby I，1825

二色裂江珧
Pinna bicolor Gmelin，1791

分类地位　软体动物门 Mollusca 双壳纲 Bivalvia（目）Ostreida 江珧科 Pinnidae 裂江珧属 *Pinna*

形态特征　壳呈长三角形或琵琶形，表面有 6 条左右细放射肋。铰合部无齿。

分　　布　我国东海、南海，以及红海、印度洋、太平洋。

二色裂江珧 *Pinna bicolor* Gmelin，1791

珠母贝
Pinctada margaritifera（Linnaeus，1758）

分类地位　软体动物门 Mollusca 双壳纲 Bivalvia（目）Ostreida 珍珠苔虫科 Margaritidae 珠母贝属 *Pinctada*

形态特征　壳近圆形，表面具白色或灰白色放射带，并具有排列较规则的同心鳞片。铰合部无齿。

分　　布　我国台湾和广东以南沿海，以及印度－西太平洋热带及亚热带水域。

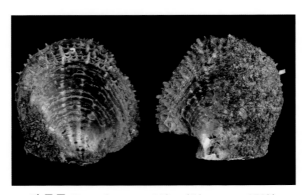

珠母贝 *Pinctada margaritifera*（Linnaeus，1758）

长耳珠母贝

Pinctada chemnitzii（**R. A. Philippi，1849**）

　　分类地位　软体动物门 Mollusca 双壳纲 Bivalvia（目）Ostreida 珍珠苔虫科 Margaritidae 珠母贝属 *Pinctada*

　　形态特征　壳近方形或圆形，有明显的放射带和鳞片。铰合部无齿。

　　分　　布　我国台湾和福建东山岛以南沿海，以及印度 - 西太平洋暖水域。

长耳珠母贝 *Pinctada chemnitzii*（R. A. Philippi，1849）

合浦珠母贝（马氏珠母贝）

Pinctada fucata（**A. Gould，1850**）

　　分类地位　软体动物门 Mollusca 双壳纲 Bivalvia（目）Ostreida 珍珠苔虫科 Margaritidae 珠母贝属 *Pinctada*

　　形态特征　壳近圆方形，表面有数条褐色的放射线。生长线呈片状。铰合部具小齿。

　　分　　布　我国福建以南沿海，以及日本。

合浦珠母贝 *Pinctada fucata*（A. Gould，1850）

宽珍珠贝
Pteria gregata（Reeve，1857）

分类地位　软体动物门 Mollusca 双壳纲 Bivalvia（目）Ostreida 珍珠贝科 Pteriidae 珍珠贝属 *Pteria*

形态特征　壳近椭圆形，有细的白色放射线。铰合部长。

分　　布　我国广东、海南、广西，以及日本、印度尼西亚、澳大利亚。

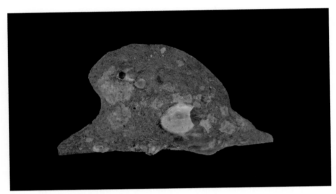

宽珍珠贝 *Pteria gregata*（Reeve，1857）

中国珍珠贝
Pteria avicular（Holten，1802）

分类地位　软体动物门 Mollusca 双壳纲 Bivalvia（目）Ostreida 珍珠贝科 Pteriidae 珍珠贝属 *Pteria*

形态特征　壳呈飞燕形，表面具放射状排列的棘状鳞片。铰合部有脊状小突起。

分　　布　我国东海、广东、海南，以及印度 - 西太平洋。

中国珍珠贝 *Pteria avicular*（Holten，1802）

短翼珍珠贝

Pteria heteroptera（Lamarck，1819）

分类地位　软体动物门 Mollusca 双壳纲 Bivalvia（目）Ostreida 珍珠贝科 Pteriidae 珍珠贝属 *Pteria*

形态特征　两壳和两侧均不等。壳表面放射线有或无。生长线细密。铰合部有 1～3 枚粒状小齿。

分　　布　我国海南，以及日本、菲律宾。

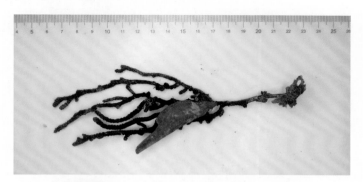

短翼珍珠贝 *Pteria heteroptera*（Lamarck，1819）

企鹅珍珠贝

Pteria penguin（Röding，1798）

分类地位　软体动物门 Mollusca 双壳纲 Bivalvia（目）Ostreida 珍珠贝科 Pteriidae 珍珠贝属 *Pteria*

形态特征　壳形似企鹅，表面具有 20 条左右的白色放射线。铰合部有小的粒状齿。

分　　布　我国台湾西南部和广东以南沿海，以及日本、马达加斯加和澳大利亚。

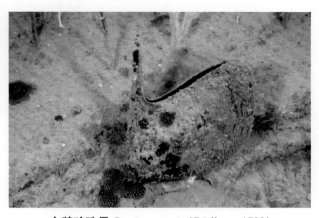

企鹅珍珠贝 *Pteria penguin*（Röding，1798）

钳 蛤
Isognomon isognomum（**Linnaeus，1758**）

　　分 类 地 位　软 体 动 物 门 Mollusca 双 壳 纲 Bivalvia（目）Ostreida 钳 蛤 科 Isognomonidae 钳蛤属 *Isognomon*

　　形态特征　壳形不规则，表面粗糙，具不规则的生长鳞片。铰合部宽大。

　　分　　布　我国台湾、海南，以及印度 - 西太平洋热带水域。

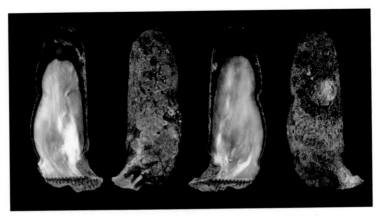

钳蛤 *Isognomon isognomum*（Linnaeus，1758）

棘刺牡蛎
Saccostrea echinata（**Quoy & Gaimard，1835**）

　　分类地位　软体动物门 Mollusca 双 壳 纲 Bivalvia（目）Ostreida 牡蛎科 Ostreidae 囊牡蛎属 *Saccostrea*

　　形态特征　壳小型，形状变化极大，呈三角形、卵圆形或不规则形。放射肋和鳞片的多少及强弱随不同个体而变化，有的个体鳞片还形成小棘，但较大个体的鳞片几乎完全消失。左壳前凹陷较深。闭壳肌痕肾形，靠近腹缘。

　　分　　布　我国浙江以南沿海，以及日本、印度尼西亚、澳大利亚。

棘刺牡蛎 *Saccostrea echinata*（Quoy & Gaimard，1835）

华贵类栉孔扇贝
Mimachlamys crassicostata（G. B. Sowerby II，1842）

分类地位 软体动物门 Mollusca 双壳纲 Bivalvia（目）Pectinida 扇贝科 Pectinidae 类栉孔扇贝属 *Mimachlamys*

形态特征 两壳等大，左壳比右壳稍凸。壳两侧形似。壳长与壳高相近。壳背缘直，腹缘圆弧形。壳顶位于背缘中部，较小，不凸，前方和后方具有耳。两耳不等大。左壳两耳均呈三角形，前耳稍大，两耳上均有细肋 7～8 条。右壳两耳差异很大：前耳大，近三角形，表面具有粗肋 4 条左右，下方有足丝孔，足丝孔有小栉齿数枚；后耳三角形，有细肋数条。

华贵类栉孔扇贝 *Mimachlamys crassicostata*（G. B. Sowerby II，1842）

分　布 我国福建、台湾、广东、海南、广西，以及日本。

齿舌纹肋扇贝
Decatopecten radula（Linnaeus，1758）

分类地位 软体动物门 Mollusca 双壳纲 Bivalvia（目）Pectinida 扇贝科 Pectinidae 纹肋扇贝属 *Decatopecten*

形态特征 壳呈折扇形，表面有 13 条左右放射主肋。肋上和肋间还有细肋。

分　布 我国台湾、海南，以及印度－西太平洋。

齿舌纹肋扇贝 *Decatopecten radula*（Linnaeus，1758）

黄拟套扇贝
Semipallium fulvicostatum（A. Adams & Reeve，1850）

分类地位　软体动物门 Mollusca 双壳纲 Bivalvia（目）Pectinida 扇贝科 Pectinidae 拟套扇贝属 *Semipallium*

形态特征　壳呈圆扇形，表面具有 9 条左右宽的放射主肋，主肋上和肋间布满细肋。

分　　布　我国广西、海南，以及西太平洋热带水域。

黄拟套扇贝 *Semipallium fulvicostatum*（A. Adams & Reeve，1850）

厚壳海菊蛤
Spondylus squamosus Schreibers，1793

分类地位　软体动物门 Mollusca 双壳纲 Bivalvia（目）Pectinida 海菊蛤科 Spondylidae 海菊蛤属 *Spondylus*

形态特征　壳多呈圆形或卵圆形，表面具有 6 ～ 7 条稍宽的放射主肋，肋上生有强壮的片状白色棘。

分　　布　我国海南、广西，以及西太平洋热带水域。

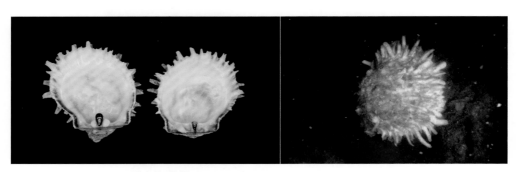

厚壳海菊蛤 *Spondylus squamosus* Schreibers，1793

习见锉蛤
Lima vulgaris（Link，1807）

分类地位　软体动物门 Mollusca 双壳纲 Bivalvia（目）Limida 锉蛤科 Limidae 锉蛤属 *Lima*

形态特征　壳近长圆三角形，表面具有宽的放射肋，肋上有鳞片。

分　　布　我国台湾以南沿海，以及日本、印度－西太平洋热带水域。

习见锉蛤 *Lima vulgaris*（Link，1807）

缘齿雪锉蛤
Limaria dentata（G. B. Sowerby II，1843）

分类地位　软体动物门 Mollusca 双壳纲 Bivalvia（目）Limida 锉蛤科 Limidae 雪锉蛤属 *Limaria*

形态特征　壳略呈弯刀形，具有明显的放射肋，肋间距大。

分　　布　我国海南岛、南沙群岛，以及太平洋热带水域。

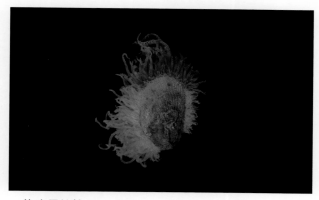

缘齿雪锉蛤 *Limaria dentata*（G. B. Sowerby II，1843）

异纹心蛤
Cardita variegata **Bruguière，1792**

分类地位　软体动物门 Mollusca 双壳纲 Bivalvia（目）Carditida 心蛤科 Carditidae 心蛤属 *Cardita*

形态特征　壳表面白色，有约 20 条放射肋，肋上有规则的、细密的鳞片状结节。

分　　布　我国浙江、广东、海南、广西，以及印度－西太平洋暖水域。

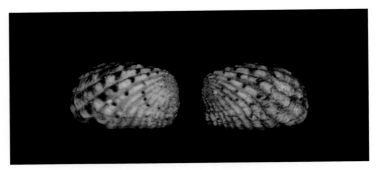

异纹心蛤 *Cardita variegata* Bruguière，1792

粗衣蛤
Beguina semiorbiculata（**Linnaeus，1758**）

分类地位　软体动物门 Mollusca 双壳纲 Bivalvia（目）Carditida 心蛤科 Carditidae 粗衣蛤属 *Beguina*

形态特征　壳侧扁，偏顶蛤形，表面放射肋细密。

分　　布　我国台湾、南海，以及印度－西太平洋。

粗衣蛤 *Beguina semiorbiculata*（Linnaeus，1758）

黄边糙鸟蛤

Vasticardium flavum（Linnaeus，1758）

分类地位 软体动物门 Mollusca 双壳纲 Bivalvia（目）Carditida 心蛤科 Carditidae（属）*Vasticardium*

形态特征 壳呈斜的卵圆形，表面放射肋 29 条左右。

分　　布 我国海南和广西涠洲岛，以及印度 - 西太平洋热带水域。

黄边糙鸟蛤 *Vasticardium flavum*（Linnaeus，1758）

微红斧蛤

Donax incarnatus Gmelin，1791

分类地位 软体动物门 Mollusca 双壳纲 Bivalvia（目）Cardiida 斧蛤科 Donacidae 斧蛤属 *Donax*

形态特征 壳颜色有白色、淡紫色等，表面后背区有刻纹。

分　　布 我国福建、海南，以及越南、泰国、印度洋。

微红斧蛤 *Donax incarnatus* Gmelin，1791

豆斧蛤
Donax faba Gmelin，1791

分类地位　软体动物门 Mollusca 双壳纲 Bivalvia（目）Cardiida 斧蛤科 Donacidae 斧蛤属 *Donax*

形态特征　壳表面放射刻纹极不明显。同心生长线发达。外套窦顶端圆。

分　　布　我国台湾、广东、海南、广西，以及印度－西太平洋暖水域。

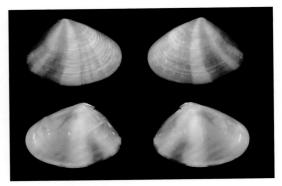

豆斧蛤 *Donax faba* Gmelin，1791

粗纹双带蛤
Semele scabra（Hanley，1843）

分类地位　软体动物门 Mollusca 双壳纲 Bivalvia（目）Cardiida 双带蛤科 Semelidae 双带蛤属 *Semele*

形态特征　壳侧扁，表面上的同心肋低密，内面有杏黄色云状斑。

分　　布　我国海南，以及菲律宾、印度尼西亚、澳大利亚。

粗纹双带蛤 *Semele scabra*（Hanley，1843）

齿纹双带蛤

Semele crenulata（G. B. Sowerby I，1853）

分类地位　软体动物门 Mollusca 双壳纲 Bivalvia（目）Cardiida 双带蛤科 Semelidae 双带蛤属 *Semele*

形态特征　壳表面具低矮的片状同心肋，肋间沟内有细的放射线。外套窦宽。

分　　布　我国广东、香港和海南，以及澳大利亚、新喀里多尼亚岛和丹老群岛。

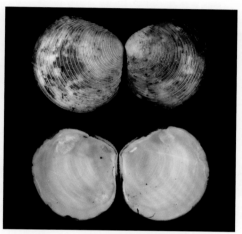

齿纹双带蛤 *Semele crenulata*（G. B. Sowerby I，1853）

索纹双带蛤

Semele cordiformis（Holten，1802）

分类地位　软体动物门 Mollusca 双壳纲 Bivalvia（目）Cardiida 双带蛤科 Semelidae 双带蛤属 *Semele*

形态特征　壳较侧扁，表面同心生长线细弱。外套窦长而宽。

分　　布　我国浙江南麂岛以南沿海，以及日本、东南亚。

索纹双带蛤 *Semele cordiformis*（Holten，1802）

布目蒙措蛤
Montrouzieria clathrata Souverbie，1863

分类地位　软体动物门 Mollusca 双壳纲 Bivalvia（目）Cardiida 双带蛤科 Semelidae 蒙措蛤属 *Montrouzieria*

形态特征　两壳不等大。壳表面的放射线和生长线相交，形成布目状刻纹。外套窦较深。

分　　布　我国台湾、海南三亚，以及日本、新喀里多尼亚岛。

布目蒙措蛤 *Montrouzieria clathrata* Souverbie，1863

射带紫云蛤
Gari radiata（Dunker，1845）

分类地位　软体动物门 Mollusca 双壳纲 Bivalvia（目）Cardiida 紫云蛤科 Psammobiidae 紫云蛤属 *Gari*

形态特征　壳淡紫色。同心纹在后背区更明显。外套窦深。

分　　布　我国广东、海南，以及日本、泰国、越南、菲律宾、印度尼西亚。

射带紫云蛤 *Gari radiata*（Dunker，1845）

拟截蛏

Solecurtus consimilis **Kuroda & Habe，1961**

分类地位 软体动物门 Mollusca 双壳纲 Bivalvia（目）Cardiida 截蛏科 Solecurtidae 截蛏属 *Solecurtus*

形态特征 壳表面的前背区无斜行纹，斜行纹愈向后愈密。外套窦细长。

分　　布 我国台湾，以及日本。

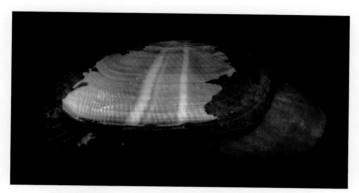

拟截蛏 *Solecurtus consimilis* Kuroda & Habe，1961

大竹蛏

Solen grandis **Dunker，1862**

分类地位 软体动物门 Mollusca 双壳纲 Bivalvia（目）Adapedonta 竹蛏科 Solenidae 竹蛏属 *Solen*

形态特征 壳前缘截形，表面有明显的生长线。铰合齿短小，每壳 1 个。

分　　布 我国沿海，以及日本、东南亚、西太平洋。

大竹蛏 *Solen grandis* Dunker，1862

长竹蛏
Solen strictus Gould，1861

分类地位　软体动物门 Mollusca 双壳纲 Bivalvia（目）Adapedonta 竹蛏科 Solenidae 竹蛏属 *Solen*

形态特征　壳长是壳高的 6～7 倍。壳表面光滑，生长线明显，被有 1 层黄色壳皮。

分　　布　我国沿海，以及朝鲜半岛、日本。

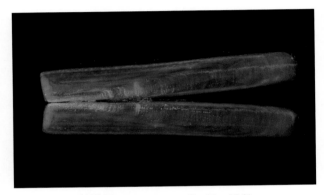

长竹蛏 *Solen strictus* Gould，1861

小刀蛏
Cultellus attenuatus Dunker，1862

分类地位　软体动物门 Mollusca 双壳纲 Bivalvia（目）Adapedonta（科）Pharidae 刀蛏属 *Cultellus*

形态特征　壳细长，表面被以光滑的、薄的黄色壳皮。外套窦浅而宽。

分　　布　我国沿海，以及日本、越南、菲律宾。

小刀蛏 *Cultellus attenuatus* Dunker，1862

糙猿头蛤

Chama asperella Lamarck，1819

分类地位 软体动物门 Mollusca 双壳纲 Bivalvia（目）Venerida 猿头蛤科 Chamidae 猿头蛤属 *Chama*

形态特征 壳表面泛红色，布满同心排列的半管状棘，内缘具细齿。

分　　布 我国台湾、广东、海南，以及印度－西太平洋。

糙猿头蛤 *Chama asperella* Lamarck，1819

西施舌

Coelomactra antiquata（Spengler，1802）

分类地位 软体动物门 Mollusca 双壳纲 Bivalvia（目）Venerida 蛤蜊科 Mactridae 腔蛤蜊属 *Coelomactra*

形态特征 壳表面被以薄的黄色壳皮，具细的同心生长线。铰合部的内韧带槽大，倒 V 形主齿小。

分　　布 我国福建以南沿海。

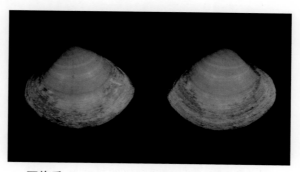

西施舌 *Coelomactra antiquata*（Spengler，1802）

弓獭蛤
Lutraria rhynchaena Jonas，1844

分类地位　软体动物门 Mollusca 双壳纲 Bivalvia（目）Venerida 蛤蜊科 Mactridae 獭蛤属 *Lutraria*

形态特征　壳相对较薄。同心纹较粗糙。外套窦较长，可达中部。

分　　布　我国台湾和广东以南沿海，以及日本、菲律宾、越南。

弓獭蛤 *Lutraria rhynchaena* Jonas，1844

雕刻球帘蛤
Globivenus toreuma（Gould，1850）

分类地位　软体动物门 Mollusca 双壳纲 Bivalvia（目）Venerida 帘蛤科 Veneridae 球帘蛤属 *Globivenus*

形态特征　壳呈球形。同心肋发达，放射线弱，两者在前、后端交叉形成结节。

分　　布　我国台湾海峡以南，以及印度洋、太平洋。

雕刻球帘蛤 *Globivenus toreuma*（Gould，1850）

布目皱纹蛤
Periglypta exclathrata（Sacco，1900）

分类地位 软体动物门 Mollusca 双壳纲 Bivalvia（目）Venerida 帘蛤科 Veneridae 皱纹蛤属 *Periglypta*

形态特征 壳膨胀。同心纹较低，粗细不等，排列也不甚规则。放射线细，排列紧密。

分　　布 我国广东珠海以南沿海，以及印度－西太平洋暖水域。

布目皱纹蛤 *Periglypta exclathrata*（Sacco，1900）

伊萨伯雪蛤
Placamen isabellina（R. A. Philippi，1849）

分类地位 软体动物门 Mollusca 双壳纲 Bivalvia（目）Venerida 帘蛤科 Veneridae（属）*Placamen*

形态特征 壳白色。同心肋排列得密且低矮。

分　　布 我国福建平潭以南的东海、南海，以及日本、印度、越南、菲律宾、印度尼西亚、澳大利亚。

伊萨伯雪蛤 *Placamen isabellina*（R. A. Philippi，1849）

头巾雪蛤
Placamen tiara（Dillwyn，1817）

分类地位　软体动物门 Mollusca 双壳纲 Bivalvia（目）Venerida 帘蛤科 Veneridae（属）*Placamen*

形态特征　壳表面有 3 条放射色带。同心肋宽，排列整齐。

分　　布　我国福建以南沿海，以及印度 - 西太平洋。

头巾雪蛤 *Placamen tiara*（Dillwyn，1817）

华丽美女蛤
Circe tumefacta G. B. Sowerby II，1851

分类地位　软体动物门 Mollusca 双壳纲 Bivalvia（目）Venerida 帘蛤科 Veneridae 美女蛤属 *Circe*

形态特征　壳卵圆形，表面散布着棕色锯齿状花纹，花纹多变化。

分　　布　我国台湾、广东，以及澳大利亚。

华丽美女蛤 *Circe tumefacta* G. B. Sowerby II，1851

歧脊加夫蛤
Gafrarium divaricatum（Gmelin，1791）

分类地位　软体动物门 Mollusca 双壳纲 Bivalvia（目）Venerida 帘蛤科 Veneridae 加夫蛤属 *Gafrarium*

形态特征　两壳侧扁。生长线细，排列密集。仅在壳后部有细的斜行放射刻纹。

分　　布　我国浙江南麂岛以南沿海，以及印度 - 西太平洋。

歧脊加夫蛤 *Gafrarium divaricatum*（Gmelin，1791）

缀锦蛤
Tapes（*Tapes*）*literatus*（Linnaeus，1758）

分类地位　软体动物门 Mollusca 双壳纲 Bivalvia（目）Venerida 帘蛤科 Veneridae 缀锦蛤属 *Tapes*

形态特征　壳斜长方形，表面有排列较密的生长线和栗色齿状花纹。

分　　布　我国台湾以南沿海，以及菲律宾。

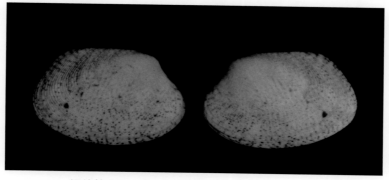

缀锦蛤 *Tapes*（*Tapes*）*literatus*（Linnaeus，1758）

强片翘鳞蛤
Irus macrophylla（Deshayes，1853）

分类地位　软体动物门 Mollusca 双壳纲 Bivalvia（目）Venerida 帘蛤科 Veneridae 翘鳞蛤属 *Irus*

形态特征　壳长方形，表面翘起的片状生长肋在后部特别高。外套窦尖。

分　　布　我国沿海，以及印度－西太平洋暖水域。

强片翘鳞蛤 *Irus macrophylla*（Deshayes，1853）

等边浅蛤
Macridiscus aequilatera（G. B. Sowerby I，1825）

分类地位　软体动物门 Mollusca 双壳纲 Bivalvia（目）Venerida 帘蛤科 Veneridae 属 *Macridiscus*

形态特征　壳侧扁，略呈等边三角形。

分　　布　在我国各海域均有分布。

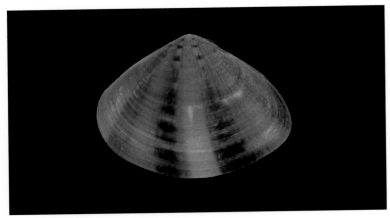

等边浅蛤 *Macridiscus aequilatera*（G. B. Sowerby I，1825）

文 蛤
Meretrix meretrix（Linnaeus，1758）

　　分类地位　软体动物门 Mollusca 双壳纲 Bivalvia（目）Venerida 帘蛤科 Veneridae 文蛤属 *Meretrix*

　　形态特征　壳近三角形，表面具光滑似漆的壳皮；颜色和花纹变化大，因个体而异。

　　分　　布　广东、海南、广西，以及日本冲绳以南、东南亚。

文蛤 *Meretrix meretrix*（Linnaeus，1758）

小文蛤
Meretrix planisulcata（G. B. Sowerby II，1854）

　　分类地位　软体动物门 Mollusca 双壳纲 Bivalvia（目）Venerida 帘蛤科 Veneridae 文蛤属 *Meretrix*

　　形态特征　壳表面颜色有变化，多有粗细不等的褐色放射带或花纹，同心肋宽。

　　分　　布　我国广东、广西北部湾，以及泰国湾。

小文蛤 *Meretrix planisulcata*（G. B. Sowerby II，1854）

楔形开腹蛤
Gastrochaena cuneiformis **Spengler，1783**

分类地位　软体动物门 Mollusca 双壳纲 Bivalvia（目）Gastrochaenida 开腹蛤科 Gastrochaenidae 开腹蛤属 *Gastrochaena*

形态特征　壳表面同心纹呈高出壳面、低矮的片状。两壳在腹面开口很大。

分　　布　我国台湾、海南，以及印度－西太平洋。

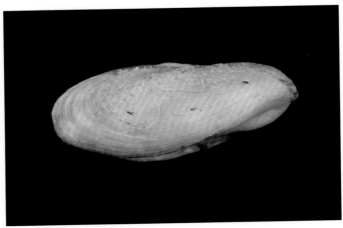

楔形开腹蛤 *Gastrochaena cuneiformis* Spengler，1783

软甲纲

斑点江珧虾

Conchodytes meleagrinae Peters，1852

分类地位 节肢动物门 Arthropoda 软甲纲 Malacostraca 十足目 Decapoda 长臂虾科 Palaemonidae 江珧虾属 *Conchodytes*

形态特征 尾节具 2 对背侧刺和 3 对后缘刺；侧对后缘刺处正常位置，不明显前移至背面。第一步足腕节明显短于长节。第三步足指节切缘基突发达但无小的锐齿。爪部和附加齿发达，两叉状。

分 布 我国南海，以及红海，东部非洲直到夏威夷群岛。与江珧共生。

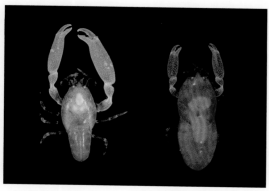

斑点江珧虾 *Conchodytes meleagrinae* Peters，1852

波氏钩指虾

Hamodactylus boschmai Holthuis，1952

波氏钩指虾 *Hamodactylus boschmai* Holthuis，1952

分类地位 节肢动物门 Arthropoda 软甲纲 Malacostraca 十足目 Decapoda 长臂虾科 Palaemonidae 钩指虾属 *Hamodactylus*

形态特征 头胸甲具眼上刺。第一触角柄部基节具单一端侧刺。第一步足螯指明显长于掌部的 1/2，切缘无亚端齿。第二步足固定指长为可动指的 1/2。

分 布 我国香港，以及新加坡、印度尼西亚、肯尼亚、坦桑尼亚、马达加斯加、塞舌尔群岛、巴布亚新几内亚、澳大利亚、新喀里多尼亚岛。生活在柳珊瑚表面。

127

刀额凯氏岩虾
Cuapetes ensifrons（Dana，1852）

分类地位　节肢动物门 Arthropoda 软甲纲 Malacostraca 十足目 Decapoda 长臂虾科 Palaemonidae（属）*Cuapetes*

形态特征　头胸甲和腹部侧面体表光滑、无麻点。额角上翘，伸达第二触角鳞片末端；齿式为 1-2+5-6/2-3；最后的背齿与其余各齿不明显分离，位于肝刺上方。第二步足螯指长为掌部长的 3/4。

分　　布　我国海南岛、西沙群岛，以及缅甸、红海、科摩罗群岛、马绍尔群岛、土阿莫土群岛。

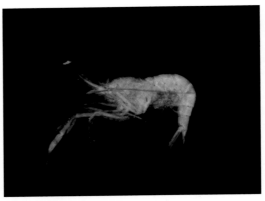

刀额凯氏岩虾 *Cuapetes ensifrons*（Dana，1852）

细足凯氏岩虾
Cuapetes tenuipes（Borradaile，1898）

分类地位　节肢动物门 Arthropoda 软甲纲 Malacostraca 十足目 Decapoda 长臂虾科 Palaemonidae（属）*Cuapetes*

形态特征　头胸甲和腹部侧面体表光滑、无麻点。额角背腹窄，端部上翘，伸过第二触角鳞片末端；齿式为 1-2+8-10/6-9；最后的背齿与其余各齿不分离，位于肝刺上方之后。第二步足螯指稍长于掌部的 1/2。

分　　布　我国台湾，以及红海、东非至菲律宾、印度尼西亚、澳大利亚、帕劳群岛、马绍尔群岛。

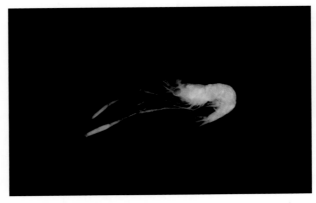

细足凯氏岩虾 *Cuapetes tenuipes*（Borradaile，1898）

锯齿长臂虾
Palaemon serrifer（**Stimpson，1860**）

分类地位　节肢动物门 Arthropoda 软甲纲 Malacostraca 十足目 Decapoda 长臂虾科 Palaemonidae 长臂虾属 *Palaemon*

形态特征　额角等于或稍短于头胸甲，伸至第二触角鳞片的末端附近；末端平直，不向上弯曲，侧面观较宽；上缘具 9～11 个齿，有 2～3 个齿位于眼眶后缘的头胸甲上；末端有 1～2 个附加小齿，通常与上缘末齿有较远的距离；下缘具 3～4 个齿。第二步足较粗长，腕节约有 1/2 超出鳞片的末端，可动指切缘的基部具 2 个小的突起齿，不动指的基部有 1 个齿。

锯齿长臂虾 *Palaemon serrifer*（Stimpson，1860）

分　布　在我国北自辽宁，南至海南沿海常见；在朝鲜半岛、日本、印度、缅甸、泰国、印度尼西亚、澳大利亚北部也有分布。

圆掌拟长臂虾
Palaemonella rotumana（**Borradaile，1898**）

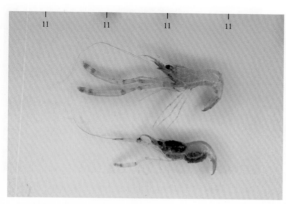

圆掌拟长臂虾 *Palaemonella rotumana*（Borradaile，1898）

分类地位　节肢动物门 Arthropoda 软甲纲 Malacostraca 十足目 Decapoda 长臂虾科 Palaemonidae 拟长臂虾属 *Palaemonella*

形态特征　额角伸过第一触角柄，齿式为 2+4-6/1-3。头胸甲在眼上刺处具小突起。第二步足对称，可动指外缘无鸡冠状突起。

分　布　我国香港、海南，以及菲律宾、印度尼西亚、地中海、红海、东非、夏威夷群岛。此种为印度－太平洋的常见种。

短腕岩虾
Ancylocaris brevicarpalis Schenkel，1902

分类地位　节肢动物门 Arthropoda 软甲纲 Malacostraca 十足目 Decapoda 长臂虾科 Palaemonidae（属）*Ancylocaris*

形态特征　头胸甲和腹部侧面体表光滑、无麻点。额角近水平,不伸过第二触角鳞片;齿式为 0-1+4-7/1-2;最后的背齿与其余各齿不分离,位于肝刺上方之后。第二步足对称,螯指稍短于掌部。

分　　布　我国台湾、香港、海南,以及日本本州、琉球群岛、红海、东非和南非、澳大利亚、莱恩群岛。

短腕岩虾 *Ancylocaris brevicarpalis* Schenkel，1902

霍氏岩虾
Ancylomenes holthuisi（Bruce，1969）

分类地位　节肢动物门 Arthropoda 软甲纲 Malacostraca 十足目 Decapoda 长臂虾科 Palaemonidae（属）*Ancylomenes*

形态特征　头胸甲和腹部侧面体表光滑、无麻点。额角背腹窄,通常水平,背缘上拱,前端指向前下方,不伸过第二触角鳞片末端;齿式为 1-2+7-9/1-2;最后背齿与其余各齿不明显分离,位于肝刺上方之前。第二步足左右对称,等大,螯指与掌部长度接近或相等。

霍氏岩虾 *Ancylomenes holthuisi*（Bruce，1969）

分　　布　我国南海,以及马尔代夫群岛、斯里兰卡、菲律宾、印度尼西亚、红海、东非、新几内亚岛、澳大利亚、新喀里多尼亚岛、帕劳群岛、马绍尔群岛。

海葵岩虾
Ancylomenes magnificus（Bruce，1979）

分类地位 节肢动物门 Arthropoda 软甲纲 Malacostraca 十足目 Decapoda 长臂虾科 Palaemonidae（属）*Ancylomenes*

形态特征 头胸甲和腹部侧面体表光滑、无麻点。额角背腹窄，略拱，不伸过第二触角鳞片末端；齿式为 1+7-8/1-2；最后背齿与其余各齿分离，位于肝刺上方之后。第二步足螯指长为掌部长的 4/5。

分　　布 我国北部湾，以及日本、菲律宾、印度尼西亚、澳大利亚。

海葵岩虾 *Ancylomenes magnificus*（Bruce，1979）

共栖岩虾
Cristimenes commensalis（Borradaile，1915）

分类地位 节肢动物门 Arthropoda 软甲纲 Malacostraca 十足目 Decapoda 长臂虾科 Palaemonidae（属）*Cristimenes*

形态特征 头胸甲和腹部侧体表光滑、无麻点。额角短，不伸过第二触角鳞片，背缘隆起，腹缘稍外凸；齿式为 0+6/0。第二步足对称，细，螯指长约为掌部长的 1/3。

分　　布 我国香港，以及西印度洋、琉球群岛、印度尼西亚、澳大利亚、新喀里多尼亚岛、加罗林群岛、马绍尔群岛、所罗门群岛、斐济群岛。

共栖岩虾 *Cristimenes commensalis*（Borradaile，1915）

美丽尾瘦虾
Urocaridella pulchella Yokes & Galil，2006

分类地位　节肢动物门 Arthropoda 软甲纲 Malacostraca 十足目 Decapoda 长臂虾科 Palaemonidae 尾瘦虾属 *Urocaridella*

形态特征　额角细长，末端向上高高扬起，有约 1/2 超出鳞片的末端，长度通常为头胸甲长的 1.8～1.9 倍，上缘具 7 个齿，有 2 个齿位于眼眶后缘的头胸甲上。第二步足对称，伸直时其腕节稍稍超出鳞片的末端。两指较短粗，不动指切缘的基部具 1 个齿，可动指具 1 个大齿和 2 个小齿。

分　　布　我国海南。其较广泛地分布于印度－西太平洋热带珊瑚礁或近岸浅水，日本至澳大利亚均有分布。

美丽尾瘦虾 *Urocaridella pulchella* Yokes & Galil，2006

艾德华鼓虾
Alpheus edwardsii（Audouin，1826）

分类地位　节肢动物门 Arthropoda 软甲纲 Malacostraca 十足目 Decapoda 鼓虾科 Alpheidae 鼓虾属 *Alpheus*

形态特征　身体呈棕色至绿褐色，背面至尾部有绿褐色的微细网纹。大螯指节末端呈灰白色，指尖呈棕色且具有稀疏的长毛。

分　　布　我国海南（三亚潮间带、北部湾浅水）。其较广泛地分布于印度－

艾德华鼓虾 *Alpheus edwardsii*（Audouin，1826）

西太平洋热带珊瑚礁或近岸浅水，日本至澳大利亚均有分布。

鳞鸭岩瓷蟹
Petrolisthes boscii（Audouin，1826）

分类地位　节肢动物门 Arthropoda 软甲纲 Malacostraca 十足目 Decapoda 瓷蟹科 Porcellanidae 岩瓷蟹属 *Petrolisthes*

形态特征　头胸甲近卵圆形。额较窄，背面观近三角形，末端向下弯曲，中央沟明显。鳃区侧缘向外突出，无任何棘刺。两螯足几乎等大，无雌雄差异。长节内末角尖锐，边缘锯齿状；背面末缘具 2 根小刺；腹面末缘中部具 1 根刺。

分　布　我国浙江、广东、海南岛、广西，以及日本九州、巴基斯坦、缅甸丹老群岛、越南、泰国湾、红海、波斯湾、澳大利亚北部。

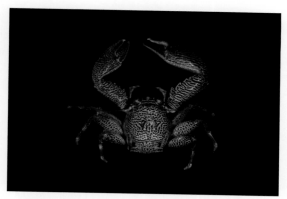

鳞鸭岩瓷蟹 *Petrolisthes boscii*（Audouin，1826）

哈氏岩瓷蟹
Petrolisthes haswelli Miers，1884

分类地位　节肢动物门 Arthropoda 软甲纲 Malacostraca 十足目 Decapoda 瓷蟹科 Porcellanidae 岩瓷蟹属 *Petrolisthes*

形态特征　头胸甲近卵圆形。额较窄，背面观近三角形，末端略下弯，中央沟较明显。鳃区侧缘向外突出，无任何棘刺。两螯足几乎等大，无雌雄差异。长节内末角凸起，末端圆；背面末缘具 1 根刺；腹面末缘中部具 1 根刺。

哈氏岩瓷蟹 *Petrolisthes haswelli* Miers，1884

分　布　我国浙江、台湾、广东、海南、广西，以及琉球群岛、马鲁古群岛、帕劳、澳大利亚、洛亚蒂群岛。

拉式岩瓷蟹
Petrolisthes lamarckii（Leach，1820）

分类地位 节肢动物门 Arthropoda 软甲纲 Malacostraca 十足目 Decapoda 瓷蟹科 Porcellanidae 岩瓷蟹属 *Petrolisthes*

形态特征 头胸甲近卵圆形。额较窄，背面观近三角形，末端略下弯，中央沟较明显。鳃区侧缘向外突出，无任何棘刺。两螯足几乎等大，无雌雄差异。长节内末角凸起，末端圆；背面末缘具 1 根刺；腹面末缘中部具 1 根刺。

分　　布 我国福建、台湾、广东、海南岛、广西，以及琉球群岛、非洲西海岸、澳大利亚、土阿莫土群岛、莱恩群岛。

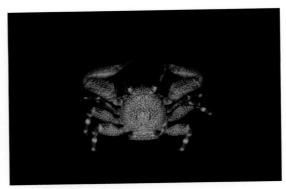

拉式岩瓷蟹 *Petrolisthes lamarckii*（Leach，1820）

栉腕厚螯瓷蟹
Pachycheles pectinicarpus Stimpson，1858

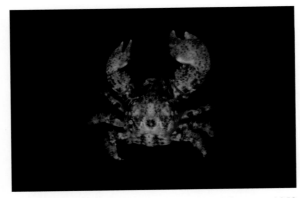

栉腕厚螯瓷蟹 *Pachycheles pectinicarpus* Stimpson, 1858

分类地位 节肢动物门 Arthropoda 软甲纲 Malacostraca 十足目 Decapoda 瓷蟹科 Porcellanidae 厚螯瓷蟹属 *Pachycheles*

形态特征 头胸甲呈卵圆形。额较窄，背面观前缘呈三角形，表面附有短而浓密的羽状毛。两螯足不等大，无雌雄差异。长节内末角有一宽短的叶突，边缘褶皱或有 1 个小齿。

分　　布 我国台湾、香港、海南岛、广西。

纹雕厚螯瓷蟹（雕刻厚螯瓷蟹）
Pachycheles sculptus（H. Milne Edwards，1837）

分类地位 节肢动物门 Arthropoda 软甲纲 Malacostraca 十足目 Decapoda 瓷蟹科 Porcellanidae 厚螯瓷蟹属 *Pachycheles*

形态特征 头胸甲宽大于长。额较宽，背面观前缘平直，分三叶，中叶末端向下垂直弯折，鳃区侧缘向外突出，无刺。两螯足不等大，无雌雄差异，个体间差异较明显。长节内末角有一宽短的叶突。

分　　布 我国台湾、香港、海南岛、广西，以及琉球群岛、塞舌尔、澳大利亚北部和西部、土阿莫土群岛、印度－西太平洋热带和亚热带水域。

纹雕厚螯瓷蟹 *Pachycheles sculptus*（H. Milne Edwards，1837）

异形豆瓷蟹
Pisidia dispar（Stimpson，1858）

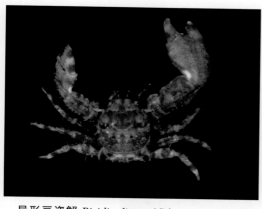

异形豆瓷蟹 *Pisidia dispar*（Stimpson，1858）

分类地位 节肢动物门 Arthropoda 软甲纲 Malacostraca 十足目 Decapoda 瓷蟹科 Porcellanidae 豆瓷蟹属 *Pisidia*

形态特征 头胸甲近卵圆形。额较短窄，背面观前缘较平直，分三叶，中叶末端强烈向下弯曲，侧叶不突出。鳃区侧缘向外突出，具2根侧刺。两螯足不等大，有雌雄差异。长节内末角宽，边缘中部常有1个齿；腹面末缘中部具1根或2根刺。

分　　布 我国台湾、海南岛、广西，以及日本、新几内亚岛、澳大利亚北部、斐济、西太平洋热带水域。

戈氏豆瓷蟹
Pisidia gordoni（Johnson，1970）

分类地位　节肢动物门 Arthropoda 软甲纲 Malacostraca 十足目 Decapoda 瓷蟹科 Porcellanidae 豆瓷蟹属 *Pisidia*

形态特征　头胸甲近卵圆形。额较宽，分三叶，边缘锯齿状，中叶末端稍向下弯曲。鳃区侧缘向外突出，具 3 根近等大的侧刺。两螯足不等大，有雌雄差异。长节内末角凸起，边缘锯齿状，常具明显的刺；背面末缘具 1 根刺；近后缘中部亦有 1 根刺；腹面末缘中部具 1 根或 2 根刺。

戈氏豆瓷蟹 *Pisidia gordoni*（Johnson，1970）

分　　布　我国福建、海南岛，以及波斯湾、印度、泰国湾、新加坡、马来半岛、红海、非洲东岸。

锯额豆瓷蟹
Pisidia serratifrons（Stimpson，1858）

分类地位　节肢动物门 Arthropoda 软甲纲 Malacostraca 十足目 Decapoda 瓷蟹科 Porcellanidae 豆瓷蟹属 *Pisidia*

形态特征　头胸甲近卵圆形。额较宽，分三叶，边缘锯齿状，中叶末端稍向下弯曲，侧叶突出但不超过中叶。鳃区侧缘向外突出，中部具 1 根侧刺，有时前面另有 1 根或 2 根小刺。两螯足不等大，有雌雄差异。长节内末角凸起，边缘锯齿状，常具 1 根明显的刺；背面末缘有时具 1 根刺；近后缘中部有时亦有 1 根刺；腹面末缘中部具 1 根或 2 根刺。

分　　布　我国渤海、黄海、东海、南海北部，以及朝鲜半岛、日本本州。

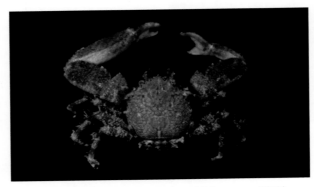

锯额豆瓷蟹 *Pisidia serratifrons*（Stimpson，1858）

肥胖多指瓷蟹
Polyonyx obesulus Miers，1884

分类地位　节肢动物门 Arthropoda 软甲纲 Malacostraca 十足目 Decapoda 瓷蟹科 Porcellanidae 多指瓷蟹属 *Polyonyx*

形态特征　头胸甲宽大于长。额宽，分三叶，中叶宽而短，末端钝且向下弯折。两螯足不等大。长节内末角叶突宽圆，其边缘锯齿状；腹面末缘中部锯齿状或有小刺。

分　　布　我国台湾、海南、广西，以及波斯湾、琉球群岛西南、泰国湾、印度、斯里兰卡、菲律宾、新加坡、印度尼西亚、澳大利亚北部和东部。

肥胖多指瓷蟹 *Polyonyx obesulus* Miers，1884

绒毛细足蟹
Raphidopus ciliatus Stimpson，1858

分类地位　节肢动物门 Arthropoda 软甲纲 Malacostraca 十足目 Decapoda 瓷蟹科 Porcellanidae 细足蟹属 *Raphidopus*

形态特征　头胸甲呈宽卵圆形。额微突出，眼眶浅，分三叶，中叶窄而下弯，中央沟明显。两螯足不等大，无雌雄差异，各节的边缘和背面都覆有浓密的软细的羽状毛。长节内末角叶突窄，不向前凸起；腹面近末端中部有 1 根壮刺。

绒毛细足蟹 *Raphidopus ciliatus* Stimpson，1858

分　　布　我国渤海、黄海、东海和南海北部，以及韩国、日本、泰国、马来西亚、新加坡、澳大利亚。

蓝绿细螯寄居蟹
Clibanarius virescens Krauss，1843

分类地位　节肢动物门 Arthropoda 软甲纲 Malacostraca 十足目 Decapoda 活额寄居蟹科 Diogenidae 细螯寄居蟹属 *Clibanarius*

形态特征　左螯略大于右螯。步足呈墨绿色,指节有黄色斑。

分　　布　我国东海、南海,以及印度洋、西太平洋。

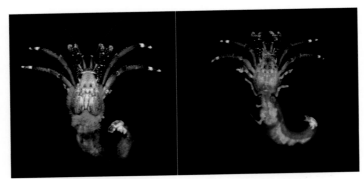

蓝绿细螯寄居蟹 *Clibanarius virescens* Krauss，1843

兔足真寄居蟹
Dardanus lagopodes Forskål，1775

分类地位　节肢动物门 Arthropoda 软甲纲 Malacostraca 十足目 Decapoda 活额寄居蟹科 Diogenidae 真寄居蟹属 *Dardanus*

形态特征　左螯显著大于右螯。螯足和步足表面密布刚毛。步足褐色,表面有红褐色斑块。

分　　布　印度洋、西太平洋。

兔足真寄居蟹 *Dardanus lagopodes* Forskål，1775

库氏寄居蟹

Pagurus kulkarnii Sankolli，1961

分类地位 节肢动物门 Arthropoda 软甲纲 Malacostraca 十足目 Decapoda 寄居蟹科 Paguridae 寄居蟹属 *Pagurus*

形态特征 右螯显著大于左螯。螯足和步足呈黄色或棕黄色，表面有显著的黑色纵向条纹。

分　　布 印度洋、西太平洋。

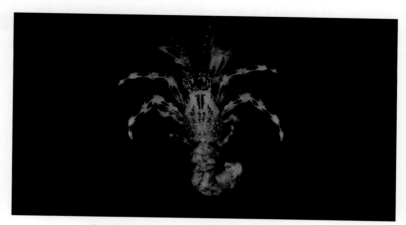

库氏寄居蟹 *Pagurus kulkarnii* Sankolli，1961

珊瑚铠甲虾

Galathea coralliophilus Baba & Oh，1990

分类地位 节肢动物门 Arthropoda 软甲纲 Malacostraca 十足目 Decapoda 铠甲虾科 Galatheidae 铠甲虾属 *Galathea*

形态特征 头胸甲（包括额角）长宽近似相等。第一横脊具 1 对近中央前胃刺，各刺两侧着生刚毛。第二横脊之后的脊鳞状。头胸甲侧缘有 7 根刺，前侧刺（第一侧刺）显著，第二侧刺小，第三至第七侧刺位于颈沟末端后，第五侧刺最大。外眼角很长。额角宽三角形，有 4 个尖的切入齿。

分　　布 我国南海，以及马六甲海峡、泰国湾、新加坡。

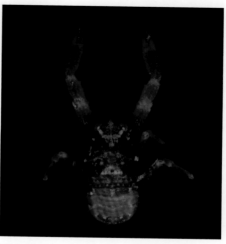

珊瑚铠甲虾 *Galathea coralliophilus* Baba & Oh，1990

德汉劳绵蟹
Lauridromia dehaani（Rathbun，1923）

德汉劳绵蟹 *Lauridromia dehaani*（Rathbun，1923）

分类地位　节肢动物门 Arthropoda 软甲纲 Malacostraca 十足目 Decapoda 绵蟹科 Dromiidae 劳绵蟹属 *Lauridromia*

形态特征　体大。头胸甲甚宽，表面密布短软毛和成簇硬刚毛。额具 3 个齿，中齿较侧齿小且低位，背面可见。头胸甲前侧缘具 4 个齿，头胸甲后侧缘具 1 个齿。两螯足粗壮，等大。长节呈三棱形，前宽后窄，背缘甚隆且具 4 个齿，内、外缘具不明显的小齿。腕节外末缘具 2 个疣状突起。掌节粗壮，宽大于长，背缘基半部具 1 个齿及 2 个细颗粒。可动指长于掌节，两指基半部具绒毛，末半部光滑无毛，内缘具 8 ~ 9 个钝齿。

分　　布　我国浙江、福建、台湾、广东、海南、广西，以及韩国、日本、印度、印度尼西亚、红海、亚丁湾、马达加斯加、南非。

山羊馒头蟹
Calappa capellonis Laurie，1906

山羊馒头蟹 *Calappa capellonis* Laurie，1906

分类地位　节肢动物门 Arthropoda 软甲纲 Malacostraca 十足目 Decapoda 馒头蟹科 Calappidae 馒头蟹属 *Calappa*

形态特征　头胸甲背部甚隆，前 2/3 处密布小的或大而扁平的光滑突起。额薄，分不明显的 4 个齿。头胸甲前侧缘具 12 个齿状突起。两螯足不对称，粗壮。长节外侧面大部分光滑，近末端具一环状带毛隆脊。此节分为四叶：中央两叶小，两外叶宽，最外一叶外角突出。腕节略呈三角形，内侧面光滑，外侧面隆起，有不同大小的突起。掌节大，内侧面光滑，但在基部近腕节处稍有很短的绒毛，背缘有 6 个锐齿，外侧面有大小不一的明显突起，近腹缘表面有细颗粒。较大螯足两指合拢时空隙较大。可动指背缘有一突起和细颗粒，外侧面基部有一粗指状突起，内缘无齿。不动指基部有 1 个臼齿，近中部有 1 个大臼齿，内缘有 1 个臼齿及 2 个小齿。

分　　布　我国台湾、南海，以及印度 - 西太平洋。

卷折馒头蟹
Calappa lophos（Herbst，1782）

卷折馒头蟹 *Calappa lophos*（Herbst，1782）

分类地位 节肢动物门 Arthropoda 软甲纲 Malacostraca 十足目 Decapoda 馒头蟹科 Calappidae 馒头蟹属 *Calappa*

形态特征 头胸甲背部隆起，表面光滑且带淡红色，前部具疣状突起，后部具橘红色斑点和红色横条纹。额窄，前缘凹陷，分为 2 个齿。头胸甲前侧缘具颗粒状齿；后侧缘突出，具不等大的 4 个锐齿；后缘具 7 个宽钝齿。两螯足壮、大，不对称。长节背缘突出，具 4 个叶状突起。腕节外侧呈三角形，表面光滑。掌节外侧面光滑，近腹缘具 1 条横行隆脊，背缘具 6 ～ 7 个齿，腹缘具细锯齿。大螯足可动指基部外侧具 1 个钝齿。

分　布 我国东海、南海，以及印度 - 西太平洋。

逍遥馒头蟹
Calappa philargius（Linnaeus，1758）

分类地位 节肢动物门 Arthropoda 软甲纲 Malacostraca 十足目 Decapoda 馒头蟹科 Calappidae 馒头蟹属 *Calappa*

形态特征 头胸甲背部甚隆，表面具 5 纵列疣状突起，侧面具软毛。额窄，前缘凹陷，分 2 个齿。头胸甲前侧缘具颗粒状齿；后侧缘具 3 个齿；后缘中部具 1 个圆钝齿，两侧各具 4 个三角形锐齿。左螯足大于右螯足。长节外侧末缘突出，分 4 个叶状齿，边缘具软毛。腕节外侧面具 1

逍遥馒头蟹 *Calappa philargius*（Linnaeus，1758）

个红色斑点。掌节外侧面具 3 纵列扁平的疣状突起，背缘具 6 个锐齿和 2 个钝齿，近腹缘具 1 横列圆形疣状突起。两螯足的指节不对称，右边的较为粗壮。

分　布 我国东海、南海，以及印度 - 西太平洋。

颗粒圆壳蟹
Cycloes granulosa De Haan，1837

分类地位 节肢动物门 Arthropoda 软甲纲 Malacostraca 十足目 Decapoda 馒头蟹科 Calappidae 圆壳蟹属 *Cycloes*

形态特征 头胸甲近圆形，长稍大于宽，背面密布锐颗粒。额突出，被一 V 形缺刻分成 2 个齿。头胸甲前侧缘具细锯齿；后侧缘与后缘均有细珠粒。螯足形状与馒头蟹的相似。长节末端有横脊，共有 3 个齿。腕节外侧面有小突起。掌节背缘有 9 个齿；外侧面有疣状突起；近腹缘有 2 条斜脊，脊上有小突起；内侧面近基部及腹缘有短毛。

分　　布 我国南海，以及日本、夏威夷、印度洋。

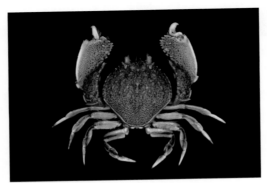

颗粒圆壳蟹 *Cycloes granulosa* De Haan，1837

红线黎明蟹
Matuta planipes Fabricius，1798

分类地位 节肢动物门 Arthropoda 软甲纲 Malacostraca 十足目 Decapoda 黎明蟹科 Matutidae 黎明蟹属 *Matuta*

形态特征 头胸甲近圆形，宽略大于长。额窄，前缘中央具 1 个缺刻，分 2 个钝齿。头胸甲前侧缘具不等大的齿状突起；侧缘中部具 1 根锐刺。两螯足对称。长节外腹缘具 4 ～ 6 个突起，内缘具短毛。腕节外侧面呈三角形，外缘具不明显的突起。掌节背缘具 3 ～ 4 个齿，

红线黎明蟹 *Matuta planipes* Fabricius，1798

外侧面的上半部具 2 横列共 8 ～ 9 个突起。可动指外侧面具 1 条横行隆脊，两指内缘具不等大的齿。

分　　布 我国海域，以及印度 - 西太平洋。

胜利黎明蟹

Matuta victor（Fabricius，1781）

分类地位 节肢动物门 Arthropoda 软甲纲 Malacostraca 十足目 Decapoda 黎明蟹科 Matutidae 黎明蟹属 *Matuta*

形态特征 头胸甲近背面观圆形，背面密布红色小斑点。额稍宽于眼窝，前缘中部突出，被 V 形缺刻分成 2 个齿。头胸甲前侧缘短于后侧缘，侧突起粗壮。螯足掌节前缘具 3 个齿；外侧面上部有不等大的突起，下部有 2～3 个锐齿（基部的 1 个小，近中部的 1 个大），齿末端有 1 条隆脊延伸到不动指的基半部；内侧面近边缘有 2 个不等大的、有斜形刻纹的突起（发生器）：一个为卵形，另一个为条形。可动指外侧具 1 纵列隆脊，脊上有 26 条左右的刻纹，两指内缘均有钝齿。

分　　布 我国东海、南海，以及韩国、日本、印度、菲律宾、马来西亚、新加坡、印度尼西亚、红海、东非、澳大利亚、新喀里多尼亚岛、斐济群岛。

胜利黎明蟹 *Matuta victor*（Fabricius，1781）

双角卵蟹

Gomeza bicornis Gray，1831

分类地位 节肢动物门 Arthropoda 软甲纲 Malacostraca 十足目 Decapoda 盔蟹科 Corystidae 卵蟹属 *Gomeza*

形态特征 头胸甲呈长卵圆形，背部前 2/3 隆起，后部较扁平。额被 V 形缺刻分为 2 个三角形齿。头胸甲两侧缘拱形，包括尖锐而突出的外眼窝齿在内共具 9 个齿。螯足不十分壮大，密具颗粒及绒毛。腕节内末角呈锐齿形。两指亦具长绒毛，内缘具钝齿。

分　　布 我国东海，以及印度－西太平洋。

双角卵蟹 *Gomeza bicornis* Gray，1831

显著琼娜蟹
Jonas distinctus（De Haan，1835）

分类地位　节肢动物门 Arthropoda 软甲纲 Malacostraca 十足目 Decapoda 盔蟹科 Corystidae 琼娜蟹属 *Jonas*

形态特征　头胸甲呈纵椭圆形，前半部比后半部宽。额窄而突出，末端分 2 个叉，呈锐齿状。头胸甲两侧缘连外眼窝齿在内共具 9 个齿。螯足短，密覆短毛，具颗粒及锐刺。两指内缘具钝齿。

分　　布　我国台湾、广东，以及日本。

显著琼娜蟹 *Jonas distinctus*（De Haan，1835）

四齿关公蟹
Dorippe quadridens（Fabricius，1793）

分类地位　节肢动物门 Arthropoda 软甲纲 Malacostraca 十足目 Decapoda 关公蟹科 Dorippidae 关公蟹属 *Dorippe*

形态特征　头胸甲背面凹凸不平，具 17 个左右的疣状突起。额窄小，具 2 个三角形齿，齿端呈圆弧形。两螯足掌节膨大，座节、长节、腕节及掌节的基部表面具颗粒，两指内缘均有小齿。

分　　布　我国东海、南海，以及印度 – 西太平洋。

四齿关公蟹 *Dorippe quadridens*（Fabricius，1793）

中华关公蟹
Dorippe sinica Chen，1980

分类地位　节肢动物门 Arthropoda 软甲纲 Malacostraca 十足目 Decapoda 关公蟹科 Dorippidae 关公蟹属 *Dorippe*

形态特征　头胸甲宽稍大于长。额齿三角形，背面见不到内口沟脊。头胸甲前侧缘光滑，末端具1个齿突。雄性两螯足不对称。大螯足长节及腕节背缘基半部具短绒毛，外侧面具颗粒；掌节光滑。小螯足长节、腕节、掌节背缘具短绒毛，绒毛延伸至可动指基半部。

分　　布　我国东海、南海，以及日本。

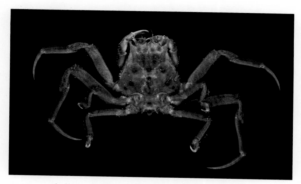

中华关公蟹 *Dorippe sinica* Chen，1980

伪装仿关公蟹
Dorippoides facchino（Herbst，1785）

分类地位　节肢动物门 Arthropoda 软甲纲 Malacostraca 十足目 Decapoda 关公蟹科 Dorippidae 仿关公蟹属 *Dorippoides*

形态特征　头胸甲宽显著大于长。额缘宽，中部稍内凹，具三角形齿。雄性两螯足不对称。小螯足各节背缘具短毛，掌节背缘的短毛延伸至可动指基部。大螯足长节、腕节背缘亦具短毛，掌节光滑。

分　　布　我国东海、南海，以及印度 - 西太平洋。

伪装仿关公蟹 *Dorippoides facchino*（Herbst，1785）

颗粒拟关公蟹
Paradorippe granulata（De Haan，1841）

分类地位 节肢动物门 Arthropoda 软甲纲 Malacostraca 十足目 Decapoda 关公蟹科 Dorippidae 拟关公蟹属 *Paradorippe*

形态特征 头胸甲宽稍大于长,表面密具微细颗粒。额稍突出,密具绒毛,前缘凹,分成 2 个三角形齿。雄性螯足不对称,除两指外,表面均具颗粒。掌节背缘具短绒毛,绒毛延伸至可动指基半部。

分　　布 我国渤海、黄海、东海,以及俄罗斯远东地区、朝鲜半岛、日本。

颗粒拟关公蟹 *Paradorippe granulata*（De Haan，1841）

阿氏强蟹
Eucrate alcocki Serènein Serène & Lohavanijaya，1973

分类地位 节肢动物门 Arthropoda 软甲纲 Malacostraca 十足目 Decapoda 宽背蟹科 Euryplacidae 强蟹属 *Eucrate*

形态特征 头胸甲近圆方形,宽为长的 1.17～1.21 倍,中部具一较大的红色斑块。额缘平直,中部具一浅缺刻,分两叶。头胸甲前侧缘具 2 个三角形齿。两螯足稍不对称,表面具分散的红斑。长节背缘近末端具 1 个三角形齿。腕节内末角突出成齿状,外末部具 1 层绒毛。掌节

阿氏强蟹 *Eucrate alcocki Serènein* Serène & Lohavanijaya，1973

光滑,背面向内侧突出一隆脊,腹面具皱褶。指节粗壮。两指内缘具大小不等的钝齿,合拢时几乎无缝隙,指端相交。

分　　布 我国东海、南海,以及日本、越南。

隆线强蟹
Eucrate crenata（De Haan，1835）

隆线强蟹 *Eucrate crenata*（De Haan，1835）

分类地位 节肢动物门 Arthropoda 软甲纲 Malacostraca 十足目 Decapoda 宽背蟹科 Euryplacidae 强蟹属 *Eucrate*

形态特征 头胸甲近圆方形，前半部较后半部稍宽。额分为明显的两叶；前缘横切，中央有缺刻。头胸甲前侧缘较后侧缘短，稍拱，具3个齿。右螯足大于左螯足。长节光滑。腕节隆起，背面末部具1丛绒毛。掌节有斑点。指节比掌节长，两指间的空隙大。

分　布 我国海域，以及朝鲜海峡、日本、泰国、印度、红海。

长手隆背蟹
Carcinoplax longimanus（De Haan，1833）

分类地位 节肢动物门 Arthropoda 软甲纲 Malacostraca 十足目 Decapoda 长脚蟹科 Goneplacidae 隆背蟹属 *Carcinoplax*

形态特征 头胸甲长稍大于宽的2/3，背面观呈横卵圆形。额宽，前缘横切，两侧角突出成齿状。头胸甲前侧缘较后侧缘短，具2个齿。雄性成体螯足长大于头胸甲长的4倍，而雌性螯足则较短。右螯足常大于左螯足。

长手隆背蟹 *Carcinoplax longimanus*（De Haan，1833）

长节背缘近末部的1/3处具1个锐齿。腕节的内缘近中部及外末角各具1个锐齿，外缘附近表面起皱。掌节背缘圆钝，内侧面近末部的1/4处具1个明显的瘤状突起。两指粗壮，内缘具大小不等的钝齿。

分　布 我国东海、南海，以及印度－西太平洋。

麦克长眼柄蟹

Ommatocarcinus macgillivrayi White，1852

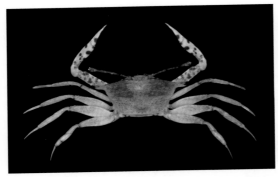

麦克长眼柄蟹 *Ommatocarcinus macgillivrayi* White，1852

分类地位 节肢动物门 Arthropoda 软甲纲 Malacostraca 十足目 Decapoda 长脚蟹科 Goneplacidae 长眼柄蟹属 *Ommatocarcinus*

形态特征 头胸甲前半部比后半部宽，外眼窝角之间最宽，表面前 1/3 具 1 条横行的光滑隆脊。额窄而弯向前下方，末端较宽。头胸甲两侧缘在眼窝外角后无齿。两螯足瘦长，不甚对称。长节呈三棱形，内缘基部无明显的发声隆脊；腕节背面近圆形，内、外末角各具 1 个齿突。掌节扁平，背缘向内侧具 1 条隆脊，腹缘亦呈隆脊形。两指长约与掌节长相等。小螯足两指内缘具锯齿，合拢时无空隙。

分　　布 我国海南岛，以及日本、澳大利亚、新西兰。

刺足掘沙蟹

Scalopidia spinosipes Stimpson，1858

分类地位 节肢动物门 Arthropoda 软甲纲 Malacostraca 十足目 Decapoda 掘沙蟹科 Scalopidiidae 掘沙蟹属 *Scalopidia*

形态特征 头胸甲的宽约为长的 1.35 倍，呈半圆形。额稍突，中部被一浅凹分成两叶，其宽度约为头胸甲宽的 1/4。头胸甲前侧缘呈弧形，隆脊状。雄性两螯足甚不对称。长节呈三棱形，背缘较短，具少数颗粒，

刺足掘沙蟹 *Scalopidia spinosipes* Stimpson，1858

腹内缘具 1 列不规则颗粒刺，末角粗壮。腕节表面呈菱形。掌节光滑而扁平，背、腹缘的末半部呈锋锐的隆脊形，外侧面具稀疏的颗粒。大螯足两指较粗壮，内缘均具 10 余个大小不等的锯齿。小螯足两指细长，尤以可动指为甚，两者末端略呈钩状。

分　　布 我国台湾、广东，以及印度尼西亚、安达曼海。

海洋拟精干蟹

Pariphiculus mariannae（Herklots，1852）

分类地位　节肢动物门 Arthropoda 软甲纲 Malacostraca 十足目 Decapoda 精干蟹科 Iphiculidae 拟精干蟹属 *Pariphiculus*

形态特征　头胸甲长大于宽，呈卵圆形。额突出，分 2 个钝齿。头胸甲侧缘具 6 个齿状突起。螯足长节近圆柱形。腕节短小。掌节近矩形，两侧面隆起。两指纤瘦细长，较掌节长，内缘具细齿，末端钩状。步足裸露时光滑，指节的前、后缘具短毛。

分　布　我国南海，以及印度 - 西太平洋。

海洋拟精干蟹 *Pariphiculus mariannae*（Herklots，1852）

七刺栗壳蟹

Arcania heptacantha De Man，1907

分类地位　节肢动物门 Arthropoda 软甲纲 Malacostraca 十足目 Decapoda 玉蟹科 Leucosiidae 栗壳蟹属 *Arcania*

形态特征　头胸甲长与宽几乎相等，呈斜方形，表面密布细小颗粒。额略突出，分二钝叶。头胸甲前侧缘具 1 根长大锐刺，后侧缘共具 5 根刺。螯足长为体长的 2 倍余。长节呈圆柱形，具微细颗粒，基部颗粒较密。腕节短，亦具颗粒。指节细长，长度为掌节长的 1 倍余。两指内缘均具细锯齿。

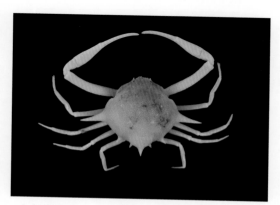

七刺栗壳蟹 *Arcania heptacantha* De Man，1907

分　布　我国浙江、台湾、广东、海南，以及日本、泰国、新加坡。

十一刺栗壳蟹
Arcania undecimspinosa De Haan，1841

分类地位 节肢动物门 Arthropoda 软甲纲 Malacostraca 十足目 Decapoda 玉蟹科 Leucosiidae 栗壳蟹属 *Arcania*

形态特征 头胸甲近似半球形，长稍大于宽，表面均匀地密布着大小不等的颗粒。额被 V 形缺刻分成 2 个三角形齿。头胸甲前侧缘具 2 根短刺，与后缘相接处具 1 根锐刺；后侧缘近末部 1/3 处具 1 根锐刺。螯足瘦长。长节呈圆柱形，密布粗糙颗粒。腕节、掌节表面的颗粒细小。两指纤细，长于掌节，内缘均具短刚毛及细锯齿。

分　布 我国海域，以及印度－西太平洋。

十一刺栗壳蟹 *Arcania undecimspinosa* De Haan，1841

艾氏飞轮蟹
Ixa edwardsii Lucas，1858

分类地位 节肢动物门 Arthropoda 软甲纲 Malacostraca 十足目 Decapoda 玉蟹科 Leucosiidae 飞轮蟹属 *Ixa*

形态特征 头胸甲呈菱形，两侧中部具壮刺，末端趋尖。额前缘被 V 形缺刻分成 2 个三角形钝齿。头胸甲后侧缘后缘两侧各具 1 个扁圆形突起。螯足瘦小，呈树枝状。长节的基半部近圆柱形，末半部呈三棱形。腕节短小。掌节长约为指节长的 2 倍。

艾氏飞轮蟹 *Ixa edwardsii* Lucas，1858

分　布 我国南海，以及印度－西太平洋。

双角转轮蟹

Ixoides cornutus Mac Gilchrist，1905

分类地位 节肢动物门 Arthropoda 软甲纲 Malacostraca 十足目 Decapoda 玉蟹科 Leucosiidae 转轮蟹属 *Ixoides*

形态特征 头胸甲呈斜方形，表面大部分光滑。额突出，中部被 V 形缺刻分成 2 个齿。头胸甲侧缘中部具 1 根壮大的侧刺。螯足瘦长，呈树枝状。长节光滑，略向前弯。掌节基部宽与腕节宽相近，但向末端趋细。指节呈针状，长度不及掌节长的 1/2。两指内缘具细齿，并间有大齿。

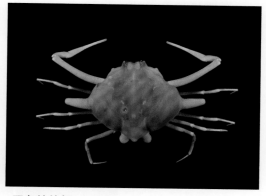

双角转轮蟹 *Ixoides cornutus* Mac Gilchrist，1905

分　　布 我国东海、南海，以及印度 - 西太平洋。

头盖玉蟹

Leucosia craniolaris（Linnaeus，1758）

分类地位 节肢动物门 Arthropoda 软甲纲 Malacostraca 十足目 Decapoda 玉蟹科 Leucosiidae 玉蟹属 *Leucosia*

形态特征 头胸甲呈斜方形，表面隆起，具土黄褐色与灰色相间的纵条纹。额窄而长，前缘具 3 个齿，中齿极为突出。头胸甲前侧缘几乎平直，后侧缘弧形。螯足壮大。长节前缘具珠状颗粒，后缘的颗粒较为低平。腕节短小。掌节与腕节的内缘均具颗粒。指节与掌节约等长，内缘具细齿。

分　　布 我国福建、台湾、广东，以及印度 - 西太平洋。

头盖玉蟹 *Leucosia craniolaris*（Linnaeus，1758）

遁形长臂蟹
Myra fugax（Fabricius，1798）

分类地位　节肢动物门 Arthropoda 软甲纲 Malacostraca 十足目 Decapoda 玉蟹科 Leucosiidae 长臂蟹属 *Myra*

形态特征　头胸甲呈长卵圆形，表面甚隆，具分散的颗粒。额缘近于平直，额及其附近部分均具刚毛。头胸甲侧缘具珠状颗粒。螯足长大。长节、掌节呈圆柱形，背面均具颗粒。腕节较短。指节长稍短于掌节长的 2/3，内缘具大小不等的锐齿。

分　　布　我国东海、南海，以及印度－西太平洋。

遁形长臂蟹 *Myra fugax*（Fabricius，1798）

短小拟五角蟹
Paranursia abbreviata（Bell，1855）

分类地位　节肢动物门 Arthropoda 软甲纲 Malacostraca 十足目 Decapoda 玉蟹科 Leucosiidae 拟五角蟹属 *Paranursia*

形态特征　头胸甲呈扁平五角形，宽稍大于长，表面光滑。额稍突出，前缘钝圆，两侧角大于 90°。除额缘外，整个头胸甲的边缘均具颗粒，前、后侧缘相接处钝圆。两螯足对称，其长度约为头胸甲长的 1.5 倍。长节呈三棱形，边缘均具颗粒。腕节的背、腹面各具 2 纵行颗

短小拟五角蟹 *Paranursia abbreviata*（Bell，1855）

粒线，腹面颗粒较多。掌节背面具 1 列颗粒，腹面中部密具颗粒。两指背、腹面亦具颗粒隆线，内缘中部突出，基半部具空隙。

分　　布　我国福建、南海。

大等螯蟹
Parilia major Sakai，1961

分类地位 节肢动物门 Arthropoda 软甲纲 Malacostraca 十足目 Decapoda 玉蟹科 Leucosiidae 螯蟹属 *Parilia*

形态特征 头胸甲呈圆形,后半部较前半部更为隆起。额被 V 形缺刻分成 2 个钝齿。头胸甲前侧缘后部具 3 个小突起。雄性螯足甚长,长度为头胸甲长的 3 倍多。长节略呈圆柱形。掌节及腕节长约等于长节长。

分　　布 我国台湾,以及日本、菲律宾。

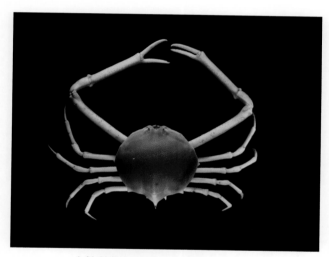

大等螯蟹 *Parilia major* Sakai，1961

隆线肝突蟹
Pyrhila carinata（Bell，1855）

分类地位 节肢动物门 Arthropoda 软甲纲 Malacostraca 十足目 Decapoda 玉蟹科 Leucosiidae（属）*Pyrhila*

形态特征 头胸甲呈圆形,体呈棕褐色。头胸甲前侧缘短而内凹,后侧缘长而呈弧形,两者均具颗粒。螯足长节和胸部腹甲上均密覆疣状突起。雄性第一腹肢的末端具有一匙状角质突起。

分　　布 我国海域,以及西太平洋。

隆线肝突蟹 *Pyrhila carinata*（Bell，1855）

豆形肝突蟹（豆形拳蟹）
Pyrhila pisum（De Haan，1841）

    分类地位   节肢动物门 Arthropoda 软甲纲 Malacostraca 十足目 Decapoda 玉蟹科 Leucosiidae（属）*Pyrhila*

    形态特征   头胸甲近圆形。体呈淡青色，表面隆起，具颗粒。螯足粗壮，雄性的比雌性的大。长节呈圆柱形，背面基部及前后缘均密布颗粒。腕节内缘具粗颗粒。掌节扁平。

    分   布   我国海域，以及太平洋。

豆形肝突蟹（豆形拳蟹）*Pyrhila pisum*（De Haan，1841）

象牙常氏蟹（象牙长螯蟹）
Tokoyo eburnea（Alcock，1896）

    分类地位   节肢动物门 Arthropoda 软甲纲 Malacostraca 十足目 Decapoda 玉蟹科 Leucosiidae 常氏蟹属 *Tokoyo*

    形态特征   头胸甲近圆形，背面隆起，较光滑。额缘由中央凹陷分成两叶。头胸甲前侧缘具不明显的微细锯齿，后侧缘光滑无刺，两侧缘交接处有 1 个小突起，后缘有 3 个半球形突起。螯足纤细。发育好的雄性螯足长大于头胸甲长的 3 倍，雌性及年轻的雄性螯足则

象牙常氏蟹 *Tokoyo eburnea*（Alcock，1896）

相对较短。除指节外，螯足各节均为圆柱形，边缘及附近表面有细颗粒。两指内缘有细齿，并间有较大的锐齿。年轻雄性及雌性的指节与掌节长度相近，而充分发育的雄性掌节长稍大于指节长的 2 倍。

    分   布   我国东海、南海，以及印度－西太平洋。

红点坛形蟹

Urnalana haematosticta（Adams，1847）

分类地位 节肢动物门
Arthropoda 软甲纲 Malacostraca 十足
目 Decapoda 玉蟹科 Leucosiidae 坛形
蟹属 *Urnalana*

形态特征 头胸甲呈斜方形，背
面隆起，表面十分光滑，从额部中线
向后至心区有一纵行隆脊。额呈弧
状突出。头胸甲前侧缘短于后侧缘，
前 2/3 处微凹，基部 1/3 处向外凸，
与后侧缘交接处呈钝圆形；后侧缘前
1/3 处内凹，表面有细颗粒及一绒毛

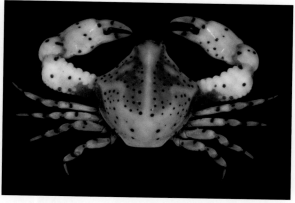

红点坛形蟹 *Urnalana haematosticta*（Adams，1847）

带。螯足粗壮。长节边缘有珠状颗粒，背面近基部 1/3 处外侧有绒毛。掌节长大于宽。
指节长于掌节。两指内缘有小齿。

分　　布 我国福建、台湾、广东，以及印度－西太平洋。

双角互敬蟹

Hyastenus diacanthus（De Haan，1839）

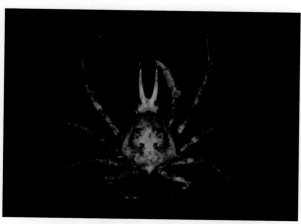

双角互敬蟹 *Hyastenus diacanthus*（De Haan，1839）

分类地位 节肢动物门
Arthropoda 软甲纲 Malacostraca 十足
目 Decapoda 卧蜘蛛蟹科 Epialtidae
互敬蟹属 *Hyastenus*

形态特征 头胸甲呈梨形，表
面密具绒毛，裸露时表面光滑。额
分 2 个长角。头胸甲长约为额长的
2.5 倍。前、后侧缘相接处具 1 根锐
刺。雄性螯足壮大。长节、腕节具
绒毛。掌节内侧面光滑，外侧面亦
具稀疏的短绒毛，长度约为可动指
长的 1.5 倍。两指合拢时基半部有
空隙。

分　　布 我国台湾海峡、南海，以及日本、印度尼西亚。

篦额尖额蟹
Rhynchoplax messor Stimpson，1858

篦额尖额蟹 *Rhynchoplax messor* Stimpson，1858

分类地位 节肢动物门 Arthropoda 软甲纲 Malacostraca 十足目 Decapoda 膜壳蟹科 Hymenosomatidae（属）*Rhynchoplax*

形态特征 头胸甲长宽几乎相等，近圆形。额分 3 个齿，状如笔架；中齿长大，向上方弯折，末端具长毛。头胸甲前侧缘具 2 个齿。雄性螯足长节和腕节均有少数具毛的瘤状突起。掌节较指节短，内侧面密具绒毛，绒毛一直延伸至指节内侧面基部。两指内缘具小齿。

分　布 我国浙江及福建北部沿海，以及日本。

钝额曲毛蟹
Camposcia retusa（Latreille，1829）

分类地位 节肢动物门 Arthropoda 软甲纲 Malacostraca 十足目 Decapoda 尖头蟹科 Inachidae 曲毛蟹属 *Camposcia*

形态特征 头胸甲呈梨形，表面具浓密的卷曲刚毛，常附着有海藻及海绵等物。额不甚突出，前缘中部内凹。两性螯足均较步足短小。

分　布 我国广东、海南，以及日本、查戈斯群岛、毛里求斯、东非、印度‐太平洋暖水域。

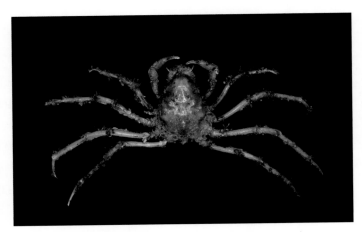

钝额曲毛蟹 *Camposcia retusa*（Latreille，1829）

扁足折额蟹
Micippa platipes Rüppel，1830

分类地位 节肢动物门 Arthropoda 软甲纲 Malacostraca 十足目 Decapoda 蜘蛛蟹科 Majidae 折额蟹属 *Micippa*

形态特征 头胸甲近长方形。额斜弯向下方，前面观分四叶，中叶三角形，侧叶小而锐。头胸甲前侧缘具约 10 个三角形齿及颗粒状齿，末齿尖锐且位于背方；后缘具 2 个锐齿。螯足光滑，掌节基部较宽。

分　布 我国海南岛、西沙群岛，以及印度－西太平洋。

扁足折额蟹 *Micippa platipes* Rüppel，1830

粗甲裂颚蟹
Schizophrys aspera（H. Milne Edwards，1831）

分类地位 节肢动物门 Arthropoda 软甲纲 Malacostraca 十足目 Decapoda 蜘蛛蟹科 Majidae 裂颚蟹属 *Schizophrys*

形态特征 头胸甲呈圆菱形，表面粗糙，密布颗粒及尖锐的刺状突起。额伸出 2 根刺，其外缘基部各有 1 根刺，末端稍向内弯。头胸甲侧缘具 6 根锐刺，末 1 根刺很小。雄性螯足壮大。长节及腕节均具锐刺。掌节光滑，背缘基部具 1 个齿突，长度约为可动指长的 2 倍。两指间有空隙，末端匙形，内缘基部具 1 个三角形齿。

粗甲裂颚蟹 *Schizophrys aspera*（H. Milne Edwards，1831）

分　布 我国香港、海南岛、西沙群岛，以及印度－西太平洋。

中华虎头蟹
Orithyia sinica（**Linnaeus，1771**）

分类地位 节肢动物门 Arthropoda 软甲纲 Malacostraca 十足目 Decapoda 虎头蟹科 Orithyiidae 虎头蟹属 *Orithyia*

形态特征 头胸甲呈圆形，长稍大于宽，背面隆起，具颗粒，前部及中部颗粒特别显著。额具 3 个锐齿，居中者较大且向前突出。头胸甲前侧缘具 2 个疣状突起及 1 根壮刺，后侧缘具 2 根壮刺。左螯足大于右螯足。长节背缘近末端具 1 根刺，外腹缘中部具 1 根刺，末端具 1 个钝齿。腕节背缘具 2 根刺，中部靠内侧具 1 根较大的锐刺。掌节背缘具 3 根刺。两指内缘均具钝齿。

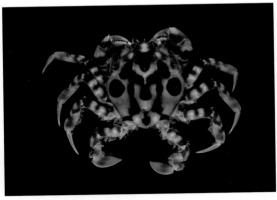

中华虎头蟹 *Orithyia sinica*（Linnaeus，1771）

分　　布 我国辽宁、山东、江苏、浙江、福建、广东，以及朝鲜。

环状隐足蟹
Cryptopodia fornicata（**Fabricius，1781**）

分类地位 节肢动物门 Arthropoda 软甲纲 Malacostraca 十足目 Decapoda 菱蟹科 Parthenopidae 隐足蟹属 *Cryptopodia*

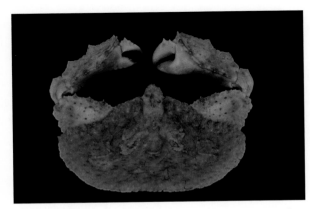

环状隐足蟹 *Cryptopodia fornicata*（Fabricius，1781）

形态特征 头胸甲呈横五角形，薄片状，覆盖着全部步足。额突出，背面观呈三角形，两侧缘略拱，具不明显锯齿。头胸甲前侧缘具约 20 个不规则锯齿。两螯足强大，不对称，各节呈三棱形，边缘薄而锐。长节前缘具 3～4 个锯齿。掌节背缘具 5～6 个锐齿，外缘具 3 个较为突出的锯齿，内缘具 9～10 个钝齿。步足较小。

分　　布 我国东海、南海，以及印度－西太平洋。

强壮武装紧握蟹
Enoplolambrus validus（De Haan，1837）

分类地位　节肢动物门 Arthropoda 软甲纲 Malacostraca 十足目 Decapoda 菱蟹科 Parthenopidae 武装紧握蟹属 *Enoplolambrus*

形态特征　头胸甲呈菱形。额角基部较宽,表面中央低洼,末部突出成锐三角形或刺形,因个体而有变异,有从小至大逐渐趋尖的现象。头胸甲后侧缘具 2 个大小不等的齿。螯足长大,掌节末部稍宽,两指末部黑色。

分　　布　我国海域,西太平洋。

强壮武装紧握蟹 *Enoplolambrus validus*（De Haan，1837）

双刺静蟹
Galene bispinosa（Herbst，1783）

双刺静蟹 *Galene bispinosa*（Herbst，1783）

分类地位　节肢动物门 Arthropoda 软甲纲 Malacostraca 十足目 Decapoda 静蟹科 Galenidae 静蟹属 *Galene*

形态特征　头胸甲长约为宽的 3/4。额宽小于头胸甲宽的 1/5,前缘中央被 1 个缺刻分为两叶,各叶前缘凹入,形成 4 个齿状突出,各具颗粒。前侧缘具齿状突起 3 个。两螯足壮大,不甚对称。长节背缘的末端与近末端各具 1 根锐刺,外侧面上半部具颗粒。腕节内末角突出,外末角具刺突,背面具颗粒和刺状突起。掌节背缘基半部具泡状颗粒,外侧面下半部的颗粒排成纵行,上半部末部以及内侧面均较光滑。两指粗壮,内缘具钝齿。

分　　布　我国福建、台湾、广东、广西,以及日本、印度、新加坡、澳大利亚。

五角暴蟹
Halimede ochtodes（Herbst，1783）

　　分类地位　节肢动物门 Arthropoda 软甲纲 Malacostraca 十足目 Decapoda 静蟹科 Galenidae 暴蟹属 *Halimede*

　　形态特征　头胸甲宽明显大于长，背面观呈五角形。额窄，被中部一纵沟分成两叶；各叶前缘钝切，向中部倾斜。头胸甲前侧缘具4个圆钝的疣状突起。两螯足壮大，对称。长节短小，三棱形，背缘具1列6个疣突。腕节背面具不明显的扁平突起，内末角具2个球形疣突。掌节背缘及与腕节相接处共具6个大小不等的疣突，外侧面的上半部亦具分散的圆钝突起。可动指背缘基部具2个疣突，两指内缘具不等的三角形齿。

　　分　　布　我国海南岛、广西，以及印度 - 西太平洋。

五角暴蟹 *Halimede ochtodes*（Herbst，1783）

疾行毛刺蟹
Pilumnus cursor A. Milne-Edwards，1873

　　分类地位　节肢动物门 Arthropoda 软甲纲 Malacostraca 十足目 Decapoda 毛刺蟹科 Pilumnidae 毛刺蟹属 *Pilumnus*

　　形态特征　头胸甲近方形，前部稍隆，覆有红色短毛，间杂有长毛。前额稍突出，被前缘中部宽而深的 V 形缺刻分成两叶，每叶前缘稍隆起。头胸甲前侧缘在外眼窝齿后具3个刺状齿。两螯足不甚对称。长节前缘及背缘具刺。腕节及小螯足掌节的外侧面密覆绒

疾行毛刺蟹 *Pilumnus cursor* A. Milne-Edwards，1873

毛，间有一些长毛。大螯足掌节除外侧面基部具毛外，其余部分光滑。两指内缘各具5个齿，指端尖。

　　分　　布　我国广西，以及印度 - 西太平洋。

蝙蝠毛刺蟹
Pilumnus vespertilio（Fabricius，1793）

分类地位　节肢动物门 Arthropoda 软甲纲 Malacostraca 十足目 Decapoda 毛刺蟹科 Pilumnidae 毛刺蟹属 *Pilumnus*

形态特征　头胸甲宽约为长的 1.4 倍，背面前半部较隆，后半部较平坦。全身密具黑褐色长短不等的刚毛。额弯向前下方，宽约为头胸甲宽的 1/3，前缘被中间一缺刻分成两叶，每叶的外侧角分明。头胸甲前侧缘较后侧缘略短，除外眼窝齿外共具 3 个齿。

蝙蝠毛刺蟹 *Pilumnus vespertilio*（Fabricius，1793）

两螯足不对称，各节具长刚毛；长节的外侧面有颗粒及短绒毛。腕节内末角尖锐。掌节外侧面的下半部无毛而具珠状颗粒，腹面及内侧面无毛，具微细颗粒。两指黑色，内缘具不规则钝齿。

分　　布　我国海南岛、西沙群岛，以及印度 - 西太平洋。

锐齿蟳
Charybdis acuta（A. Milne-Edwards，1869）

分类地位　节肢动物门 Arthropoda 软甲纲 Malacostraca 十足目 Decapoda 梭子蟹科 Portunidae 蟳属 *Charybdis*

形态特征　头胸甲宽约为长的 1.5 倍，表面具绒毛。额分成 6 个锐齿：中央 1 对较两侧的更为突出，第二侧齿较第一侧齿略小。前侧缘具 6 个锐齿。两螯足粗壮，不对称。长节前缘具 3 根刺，末端又具 1 根小刺，后缘末端终止于 1 根小刺。腕节表面具颗粒，内末角具 1 根长而尖锐的刺，外侧面具 3 根小刺。掌节外侧面具 3 条隆线，内侧面的前半部具 1 条隆线，背面亦有 2 条且仅达中部，内缘具 5 个壮齿。

分　　布　我国福建、广东，以及日本。

锐齿蟳 *Charybdis acuta*（A. Milne-Edwards，1869）

近亲蟳
Charybdis affinis Dana，1852

分类地位 节肢动物门 Arthropoda 软甲纲 Malacostraca 十足目 Decapoda 梭子蟹科 Portunidae 蟳属 *Charybdis*

形态特征 头胸甲的宽约为长的 1.5 倍，表面具绒毛，前半部具横行的细隆线。额缘分 6 个齿，中间的 2 个齿稍突出。头胸甲前侧缘具 6 个齿。螯足表面光滑。长节前缘具 3 个齿，后缘具细微的颗粒。腕节内末角具 1 根壮刺，外侧面具 3 根小刺

近亲蟳 *Charybdis affinis* Dana，1852

及 2 条隆线。掌节厚，外侧面具 3 条光滑的隆脊，内侧面具 1 条光滑的隆脊，背面具 2 条隆脊及 5 根刺，末部的 2 根刺很小。指节略长于掌节，内缘具大小不等的壮齿。两指合拢时指尖交叉。可动指内侧浅橘红色，中段米黄色。

分　　布 我国东海、南海，以及印度 - 西太平洋。

环纹蟳
Charybdis annulata（Fabricius，1798）

环纹蟳 *Charybdis annulata*（Fabricius，1798）

分类地位 节肢动物门 Arthropoda 软甲纲 Malacostraca 十足目 Decapoda 梭子蟹科 Portunidae 蟳属 *Charybdis*

形态特征 头胸甲表面光滑，隆起。额分 6 个齿；居中的 1 对齿较突出，呈宽三角形。前侧缘具 6 个齿。两螯足粗壮，不对称。长节前缘具 3 个齿。腕节具 3 条模糊的隆脊，内末角具 1 根壮刺，外侧面具 3 根小刺。

掌节隆肿；除腹面外，表面覆有网状花纹；背面具 5 根刺。大螯足指节短于掌部，小螯足指节长于掌节。两指内缘具大小不等的壮齿。

分　　布 我国福建、广东、广西，以及日本、泰国、斯里兰卡、印度、巴基斯坦、马来亚、印度尼西亚、坦桑尼亚、塔希提岛。

锈斑蟳
Charybdis feriata（Linnaeus，1758）

分类地位　节肢动物门 Arthropoda 软甲纲 Malacostraca 十足目 Decapoda 梭子蟹科 Portunidae 蟳属 *Charybdis*

形态特征　头胸甲宽约等于长的 1.6 倍，表面光滑，中线上 1 条橘黄色的纵带从额向后延续至心区。额分 6 个齿：中央 4 个齿大小相近，中间 1 对位置较低。头胸甲前侧缘分 6 个齿。两螯足相当粗壮，不对称。长节表面光滑，前缘末半部具 3 个壮齿，基

锈斑蟳 *Charybdis feriata*（Linnaeus，1758）

半部具颗粒或小齿。腕节内末角具 1 根壮刺，外末角 3 根小刺，外侧面具 2 条平钝、光滑的隆脊。掌节背面具 4 个齿；外侧面具 1 个平钝的突起和 2 条隆线，下面的 1 条隆线延续至不动指的末端；内侧面也具 1 条隆线。指节长短与掌部相近。

分　　布　我国福建、台湾、广东、广西，以及日本、印度、巴基斯坦、东非、南非、澳大利亚。

颗粒蟳
Charybdis granulata（De Haan，1833）

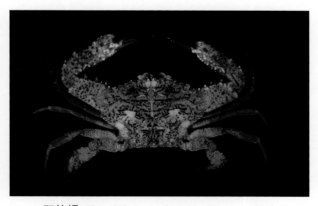

颗粒蟳 *Charybdis granulata*（De Haan，1833）

分类地位　节肢动物门 Arthropoda 软甲纲 Malacostraca 十足目 Decapoda 梭子蟹科 Portunidae 蟳属 *Charybdis*

形态特征　头胸甲表面隆起，密布绒毛。额分 6 个齿。头胸甲前侧缘具 6 个齿。两螯足粗壮，不对称，密具绒毛及分散的颗粒。长节前缘具 3 根刺，刺间及近体端具一些刺状疣突；后缘具纵列颗粒。腕节内

末角具 1 根壮刺，外侧面具 3 根小刺和 3 条颗粒隆脊。掌节背面覆盖绒毛及分散的颗粒，具 5 根刺；外侧面具 3 列颗粒隆脊；内侧面中部具 1 条颗粒隆脊；腹面具横向排列的鳞形刻纹及分散的颗粒。指节较纤细，具纵向的沟、脊。

分　　布　我国东海、南海，以及印度 - 西太平洋。

钝齿蟳
Charybdis hellerii（A. Milne-Edwards，1867）

钝齿蟳 *Charybdis hellerii*（A. Milne-Edwards，1867）

分类地位 节肢动物门 Arthropoda 软甲纲 Malacostraca 十足目 Decapoda 梭子蟹科 Portunidae 蟳属 *Charybdis*

形态特征 头胸甲表面光滑，仅在前侧齿基部之间以及眼窝后部凹陷的部位有少量绒毛，具几对隆脊。额分 6 个齿，中央齿较侧齿钝。头胸甲前侧缘具 6 个锐齿。两螯足粗壮，不对称。长节前缘具 3 个壮齿。腕节表面有 3 条隆脊，内末角具 1 根粗壮的锐刺。掌节外侧面具 3 条模糊的隆脊，背面具 5 根刺。指节粗壮，不动指基部白色。大螯足指节内缘具粗壮的齿。

分　　布 我国福建、广东、广西，以及安达曼群岛、巴基斯坦、马来群岛、波斯湾、红海、地中海、东非、新喀里多尼亚岛。

日本蟳
Charybdis japonica（A. Milne-Edwards，1861）

分类地位 节肢动物门 Arthropoda 软甲纲 Malacostraca 十足目 Decapoda 梭子蟹科 Portunidae 蟳属 *Charybdis*

形态特征 头胸甲呈横卵圆形，表面隆起，较幼小的标本整个表面具绒毛，成熟的标本后半部光滑无毛。额稍突出，分 6 个齿，中央 2 个齿稍突出。前侧缘具 6 个齿。两螯足粗壮，不对称。长节前缘具 3 个壮齿。腕节内末角具 1 根壮刺；外侧面具 3 根小刺，其中的 2 根位

日本蟳 *Charybdis japonica*（A. Milne-Edwards，1861）

于隆脊的末端。掌节厚，内、外侧面隆起，背面具 5 个齿。指节长于掌节，表面具纵沟。

分　　布 我国海域，朝鲜半岛、日本、马来西亚、红海。

晶莹蟳
Charybdis lucifer（Fabricius，1798）

分类地位　节肢动物门 Arthropoda 软甲纲 Malacostraca 十足目 Decapoda 梭子蟹科 Portunidae 蟳属 *Charybdis*

形态特征　头胸甲无毛,但有细微颗粒。额分 6 个齿,居中的 4 个几乎等大。头胸甲前侧缘具 6 个齿。两螯足不甚对称。长节的前缘具 3 根刺,基部的 1 根最小。腕节内末角具 1 根壮刺,外侧面具 3 根钝刺。掌节背面具 5 根短刺:1 根在腕节之前，2 根接近指节的基部,其他 2 根在 2 条隆脊的中部。大螯足的指节较掌节略短。

分　布　我国台湾,以及日本、泰国、斯里兰卡、印度、马来西亚、印度尼西亚。

晶莹蟳 *Charybdis lucifer*（Fabricius，1798）

善泳蟳
Charybdis natator（Herbst，1794）

善泳蟳 *Charybdis natator*（Herbst，1794）

分类地位　节肢动物门 Arthropoda 软甲纲 Malacostraca 十足目 Decapoda 梭子蟹科 Portunidae 蟳属 *Charybdis*

形态特征　头胸甲隆起,表面密布绒毛;除末齿外,前侧齿基部附近的头胸甲表面具颗粒。额分 6 个齿,居中 4 个齿大小相近。头胸甲前侧缘具 6 个齿。两螯足粗壮,不对称。长节前缘具 4 根刺。腕节表面具扁平的颗粒,内末角具 1 根壮刺,外侧面具 3 根小刺。掌节覆盖着扁平的颗粒,背面具 5 根刺,内、外侧面的颗粒排成纵列。位于掌节、腕节上的刺有时具附属小刺。指节粗壮,具纵向的沟、脊。

分　布　我国东海、南海,以及印度 - 西太平洋。

直额蟳
Charybdis truncata（**Fabricius，1798**）

分类地位　节肢动物门 Arthropoda 软甲纲 Malacostraca 十足目 Decapoda 梭子蟹科 Portunidae 蟳属 *Charybdis*

形态特征　头胸甲宽约为长的 1.3 倍，密覆绒毛。额分 6 个钝齿，中央 1 对稍突出。头胸甲前侧缘分 6 个齿。两螯足粗壮，不对称，长约等于头胸甲长的 2.7 倍。长节前缘具 3 根刺，后缘具小刺，表面具排列成横脊的颗粒。腕节背面的 3 条颗粒隆脊清晰可辨，内末角具 1 个壮齿，外末角具 3 个齿。掌节背面具 3 根刺，外缘中部有时具 1 根小刺，一共具 7 条颗粒隆脊。大螯足指节与掌节等长，小螯足指节稍长于掌节。

分　　布　我国东海、南海，以及印度 - 西太平洋。

直额蟳 *Charybdis truncata*（Fabricius，1798）

变态蟳
Charybdis variegata（**Fabricius，1798**）

分类地位　节肢动物门 Arthropoda 软甲纲 Malacostraca 十足目 Decapoda 梭子蟹科 Portunidae 蟳属 *Charybdis*

形态特征　个体较小。头胸甲表面密具绒毛。额分 6 个齿，中齿最突出，位置低于侧齿。头胸甲前侧缘分 6 个齿。两螯足粗壮，不对称。大螯足的长度大于头胸甲长度的 2.5 倍。长节前缘具 3 个齿。腕节背面与外侧面覆有颗粒，内末角具 1 根壮刺，外侧面具 2 根小刺，具 3 条明显的颗粒隆脊。

变态蟳 *Charybdis variegata*（Fabricius，1798）

大螯足掌节肿胀；除腹面光滑、裸露外，其余表面具鳞形颗粒及短毛；背面具 5 根刺。

分　　布　我国黄海、东海、南海，以及印度 - 西太平洋。

紫斑光背蟹

Lissocarcinus orbicularis Dana，1852

分类地位　节肢动物门 Arthropoda 软甲纲 Malacostraca 十足目 Decapoda 梭子蟹科 Portunidae 光背蟹属 *Lissocarcinus*

形态特征　头胸甲近菱形，长、宽相近，中央十分隆起，边缘趋薄，表面较光滑，分区难辨，前半部边缘具细微的颗粒。额宽三角形，末端圆钝，比内眼窝角更为突出。前侧缘分五浅叶。两螯足粗壮，对称。长节较为光滑，唯腹前缘末端具 1 个叶状突起。腕节内末角具 1 个壮齿；外侧面具 3 条短隆脊，

紫斑光背蟹 *Lissocarcinus orbicularis* Dana, 1852

内末角基部后方有 1 条隆脊向后侧方延伸，与背侧方的 1 条隆脊相交。掌节背面有 2 条隆脊，两隆脊之间凹陷；外侧面中部靠指节处具 1 条短隆脊。可动指十分弯曲，外缘呈隆脊状。两指内缘各具 3 ～ 7 个钝齿。

分　　布　我国台湾、南海，以及印度 - 西太平洋。

看守长眼蟹

Podophthalmus vigil（Fabricius，1798）

看守长眼蟹 *Podophthalmus vigil*（Fabricius, 1798）

分类地位　节肢动物门 Arthropoda 软甲纲 Malacostraca 十足目 Decapoda 梭子蟹科 Portunidae 长眼蟹属 *Podophthalmus*

形态特征　头胸甲近梯形，前宽后窄，两个外眼窝齿所在部位是头胸甲最宽处，其宽约等于长的 2.3 倍。额很窄，介于眼柄基部之间，其前半部较基半部宽，背面观呈 T 形。螯足长节前缘末半部具 3 根锐刺，后缘末半部具 2 根锐刺。腕节内、外末角

各具 1 根锐刺，内末刺背面有 1 条颗粒隆线延伸至腕节背面。掌节背面与外侧面各有 2 条颗粒隆脊，内侧面中部具 1 条较光滑的隆脊，背面内侧的 1 条与内侧面中部隆脊的末端各具 1 根锐刺，腹面密布粗糙的颗粒。指节粗壮，稍短于掌节；内缘具大小不等的壮齿；指端尖锐，两指合拢时指尖交叉。

分　　布　我国东海、南海，以及印度 - 西太平洋。

远海梭子蟹
Portunus pelagicus（Linnaeus，1758）

分类地位 节肢动物门 Arthropoda 软甲纲 Malacostraca 十足目 Decapoda 梭子蟹科 Portunidae 梭子蟹属 *Portunus*

形态特征 头胸甲宽稍大于长的 2 倍，表面具粗糙的颗粒。额分 4 个齿，中间 1 对较短小，成体的较尖锐，幼体的较圆钝。头胸甲前侧缘具 9 个齿。螯足长，粗大，长度约等于头胸甲长的 3.5 倍，表面具花纹。长节前缘具 3～4 根刺。腕节内外末角各具 1 根刺。掌

远海梭子蟹 *Portunus pelagicus*（Linnaeus，1758）

节背面具 3 条隆脊，中间及内面 1 条末端具刺，内、外侧面的中部还有发育良好的隆脊。两指内缘具大小不等的钝齿。

分　　布 我国东海、南海，以及印度－西太平洋。

红星梭子蟹
Portunus sanguinolentus（Herbst，1783）

红星梭子蟹 *Portunus sanguinolentus*（Herbst，1783）

分 类 地 位 节 肢 动 物 门 Arthropoda 软甲纲 Malacostraca 十足目 Decapoda 梭子蟹科 Portunidae 梭子蟹属 *Portunus*

形态特征 头胸甲梭状，宽大于长的 2 倍，前侧缘呈弓状，后侧缘与后缘相连成弧状。头胸甲后半部具 3 块卵圆形的血红色斑。前额分四叶；成体额叶刺状，幼体的较钝；侧齿比中央齿大，但不突出。头胸甲前侧缘具 9 个齿，末

齿很大且向两侧突出。螯足长略大于头胸甲宽。长节前缘具 3～4 根刺。腕节具 4 条隆脊，内、外两条隆脊的末端各具 1 根刺。掌节具 6 条隆脊，背面内侧 1 条隆脊的末端具 1 根刺。指节很长，可动指基半部具 1 个血红色斑点。

分　　布 我国浙江、福建、台湾、广东、广西，以及日本、越南、泰国、印度、马来群岛、红海、非洲东岸和西岸、马达加斯加、澳大利亚、新西兰、夏威夷。

丽纹梭子蟹
Alionectes pulchricristatus（Gordon，1931）

分类地位 节肢动物门 Arthropoda 软甲纲 Malacostraca 十足目 Decapoda 梭子蟹科 Portunidae（属）*Alionectes*

形态特征 体小。头胸甲背面隆起，具细颗粒。额分 4 个齿：中齿小，侧齿大而突起。头胸甲前侧缘共有 9 个齿（包括外眼窝齿）；后侧缘向下突出；后缘平直，两端各有 1 个三角形齿。两螯足对称，

丽纹梭子蟹 *Alionectes pulchricristatus*（Gordon，1931）

长度为头胸甲长的 2～3 倍。长节前缘具 3 个齿，后缘末部具 2 个齿。腕节的内、外角各具 1 根刺，内刺甚长。掌节具几条纵行颗粒脊，内缘末部及基部（与腕节交接处）具 1 个齿。指节短于掌节；两指末端互相交叉，内缘有小齿，小齿间有数个较大的齿。

分　　布 我国东海、南海，以及印度－西太平洋。

野生短桨蟹
Thalamita admete（Herbst，1803）

野生短桨蟹 *Thalamita admete*（Herbst，1803）

分类地位 节肢动物门 Arthropoda 软甲纲 Malacostraca 十足目 Decapoda 梭子蟹科 Portunidae 短桨蟹属 *Thalamita*

形态特征 头胸甲长约为宽的 3/5，表面光滑或具绒毛。额缘中部被一明显的缺刻分为二宽叶，各叶前缘钝切或稍凹。头胸甲前侧缘具 5 个锐齿。雄性螯足不甚对称。长节前缘具 3 个齿，后缘末部具颗粒。腕节的背面与外侧面具隆脊，外侧面隆脊的末端为 1 根刺，内末角具 1 个状齿。

掌节背面具 5 根刺，末端的刺常常退化成结节，外侧面具 3 条纵行颗粒隆脊，内侧面与腹面较光滑。

分　　布 我国台湾、南海，以及印度－西太平洋。

钝齿短桨蟹
Thalamita crenata **Rüppell**，**1830**

钝齿短桨蟹 *Thalamita crenata* Rüppell，1830

分类地位 节肢动物门 Arthropoda 软甲纲 Malacostraca 十足目 Decapoda 梭子蟹科 Portunidae 短桨蟹属 *Thalamita*

形态特征 头胸甲宽约为长的 1.5 倍，表面稍隆，光滑。额分六叶（间或有四叶的）：中央一对方形；第一侧叶内侧缘斜；第二侧叶稍小于其他四叶，前缘钝圆。头胸甲前侧缘分 5 个齿。两螯足粗壮，不对称。长节前缘具 3 根大刺，刺间或有 1～2 根小刺，前后表面具细微的颗粒。腕节表面除背面近末部略具颗粒外，较为光滑；内末角具 1 根壮刺，外侧面具 3 根小刺。掌节粗壮；除外侧面上部与内侧面后基部具颗粒外，表面光滑；背面具 5 个齿；外侧面具 2 条低平的隆脊；中部 1 条隆脊十分模糊。

分　　布 我国东海、南海，以及印度－西太平洋。

棕斑短桨蟹
Thalamita pelsarti **Montgomery**，**1931**

棕斑短桨蟹 *Thalamita pelsarti* Montgomery，1931

分类地位 节肢动物门 Arthropoda 软甲纲 Malacostraca 十足目 Decapoda 梭子蟹科 Portunidae 短桨蟹属 *Thalamita*

形态特征 头胸甲的宽约为长的 1.6 倍，背面、腹面除隆脊外密覆绒毛。额分六钝叶。头胸甲前侧缘分 5 个齿。两螯足粗壮，稍不对称，表面覆有颗粒及浓密刚毛。长节前缘具 3 根锐刺，刺间具几个刺状疣突，后缘具颗粒及刚毛。腕节背面具分散的圆颗粒突起，内末角具 1 根壮刺，外侧面具 3 根刺。掌节背表面具 5～6 根壮刺；外侧面下半部具 2 条隆脊，上半部具排成列的颗粒；内表面具 1 条中央颗粒隆脊。指节较纤细，具深沟，内缘具大小不等的壮齿。

分　　布 我国台湾、南海，以及西太平洋。

底栖短桨蟹

Thalamita prymna（Herbst，1803）

分类地位　节肢动物门 Arthropoda 软甲纲 Malacostraca 十足目 Decapoda 梭子蟹科 Portunidae 短桨蟹属 *Thalamita*

形态特征　头胸甲宽约为长的1.6倍。幼体头胸甲表面除隆脊外,密具绒毛。成体头胸甲胃区、心区、肠区表面隆起,光滑,横脊清晰。额分六钝叶:中央1对位置较低;第一侧叶内缘斜;第二侧叶相对较小,前缘圆钝,与第二侧齿间隔较深。头胸甲前侧缘分5个齿。两螯足粗壮,不对称。

底栖短桨蟹 *Thalamita prymna*（Herbst，1803）

长节前缘具3个壮齿,近基部具1根或2根小刺,前缘末端具1根小刺。腕节内末角具1根壮刺,外侧面具3根刺,背面具刺状突起。掌节背面及内、外侧面的上部密具刺状突起及绒毛,内、外侧面中部及下部的颗粒突起排列成隆脊,背面具5根壮刺。指节粗壮,内缘具大小不等的壮齿。

分　　布　我国台湾、南海,以及印度 - 西太平洋。

双额短桨蟹

Thalamita sima H. Milne Edwards，1834

双额短桨蟹 *Thalamita sima* H. Milne Edwards, 1834

分类地位　节肢动物门 Arthropoda 软甲纲 Malacostraca 十足目 Decapoda 梭子蟹科 Portunidae 短桨蟹属 *Thalamita*

形态特征　头胸甲宽约为长的1.5倍,表面密布绒毛。额宽,被一深缺刻分为二浅叶;每叶前缘中部凹陷,侧缘稍向外倾斜。头胸甲前侧缘具5个齿。两螯足相当肿胀,不对称,表面覆有鳞形颗粒,颗粒间具短毛。长节前缘基部具颗粒,末部具3根壮刺。腕节内末角具1根壮刺,外侧面具3根小刺。掌节背面具5根刺,其中位于外末角的1根呈疣状;外侧面具3条近于光滑的隆线;内侧面中部具1条宽而低的模糊隆线。指节粗壮,内缘具大小不等的壮齿。

分　　布　我国福建、台湾、广东,以及日本、泰国、斯里兰卡、马来群岛、红海、东非、澳大利亚、新喀里多尼亚岛、新西兰、夏威夷。

少刺短桨蟹

Thalamita danae Stimpson，1858

分类地位　节节肢动物门 Arthropoda 软甲纲 Malacostraca 十足目 Decapoda 梭子蟹科 Portunidae 短桨蟹属 *Thalamita*

形态特征　头胸甲表面裸露或密具绒毛。额宽约为头胸甲宽的 1/3，分六叶：中央叶略小于第一侧叶，前缘钝切；第二侧叶较窄，前缘钝圆。头胸甲前侧缘分 5 个齿。两螯足不对称。长节前缘末半部具 3 根锐刺，基半部具大颗粒及小齿。腕节光滑，表面具 3 条隆脊，内末角具 1 根刺，外侧面具 3 根刺。掌节外侧面具 3 条隆脊，背面具 5 根刺，腹面与内侧面光滑，内侧面的中部及下部各有 1 条隆脊。

分　　布　我国台湾、南海，以及印度 - 西太平洋。

少刺短桨蟹 *Thalamita danae* Stimpson，1858

花纹爱洁蟹

Atergatis floridus（Linnaeus，1767）

分类地位　节肢动物门 Arthropoda 软甲纲 Malacostraca 十足目 Decapoda 扇蟹科 Xanthidae 爱洁蟹属 *Atergatis*

形态特征　头胸甲宽大于长，呈横卵圆形，表面平滑，具微细凹点。额宽约为头胸甲宽的 1/3，中部稍隆，被 1 条短浅缝分为两宽叶。头胸甲前侧缘被 3 条浅缝分为四叶。两螯足对称。长节短而呈三棱形，前缘具短毛。腕节背缘圆钝，背外侧面隆起，内末角具 1 个钝齿。掌节较扁平，背缘呈锋锐的隆脊形。

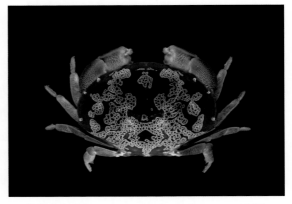

花纹爱洁蟹 *Atergatis floridus*（Linnaeus，1767）

分　　布　我国台湾、海南岛、西沙群岛，以及印度 - 西太平洋。

正直爱洁蟹
Atergatis integerrimus（Lamarck，1818）

分类地位 节肢动物门 Arthropoda 软甲纲 Malacostraca 十足目 Decapoda 扇蟹科 Xanthidae 爱洁蟹属 *Atergatis*

形态特征 头胸甲宽大于长的 1.6 倍，呈横卵圆形。额稍突，前缘中部被一缺刻分为两叶。头胸甲前侧缘被 3 条不甚明显的浅缝分为四叶。两螯足对称。长节背缘及内腹缘呈隆脊形。腕节内缘具 3 簇刚毛，内末缘具 1 个钝齿及 1 片钝叶。掌节背缘隆脊形，外侧面有网形皱纹。可动指基部具短毛，不动指内侧中部有 1 束短毛。两指内缘各具 4 个大钝齿。

分　　布 我国台湾、广东、海南岛，以及印度-西太平洋。

正直爱洁蟹 *Atergatis integerrimus*（Lamarck，1818）

细纹爱洁蟹
Atergatis reticulatus（De Haan，1835）

分类地位 节肢动物门 Arthropoda 软甲纲 Malacostraca 十足目 Decapoda 扇蟹科 Xanthidae 爱洁蟹属 *Atergatis*

形态特征 头胸甲呈横卵圆形，表面不甚平滑，具粗糙的凹点及皱襞。额略突出，前缘中部被 1 个浅缺刻分为两叶。前侧缘被 3 个浅缺刻分为四叶。螯足腕节背面及掌节外侧面具粗糙的麻点及皱襞，腕节内末角具锋锐的突出叶及角，掌节背缘尤以基半部锋锐。

细纹爱洁蟹 *Atergatis reticulatus*（De Haan，1835）

分　　布 我国浙江、福建、广东，以及日本。

黑指绿蟹
Chlorodiella nigra（Forskål，1775）

分类地位　节肢动物门 Arthropoda 软甲纲 Malacostraca 十足目 Decapoda 扇蟹科 Xanthidae 绿蟹属 *Chlorodiella*

形态特征　头胸甲近横六角形，宽约为长的 1.5 倍，表面扁平、光滑。额宽，中央缺刻明显，分两叶，每叶前缘隆起，额后具可辨的隆脊。头胸甲前侧缘具 4 个齿。两螯足表面光滑，不对称。大螯足长约为头胸甲长的 2 倍。长节前缘近基部具 1 个齿。腕节内末角突出、扁平。掌节长大于宽。大螯足可动

黑指绿蟹 *Chlorodiella nigra*（Forskål，1775）

指内缘中部具 1 个大钝齿，基半部具 2 个小齿，不动指内缘中部具 1 个大钝齿。小螯足不动指内缘，除上述齿外，基部另具 1 个齿，指节末端匙形。

分　　布　我国台湾、海南岛、西沙群岛，以及西太平洋。

圆形鳞斑蟹
Demania rotundata（Serène in Guinot，1969）

分类地位　节肢动物门 Arthropoda 软甲纲 Malacostraca 十足目 Decapoda 扇蟹科 Xanthidae 鳞斑蟹属 *Demania*

形态特征　头胸甲呈圆扇形。额缘较光滑，中部被一 V 形缺刻分为两叶。头胸甲前侧缘分四叶。两螯足对称。长节呈三棱形；背缘突出，呈锋锐的隆脊形；腹缘亦呈隆脊形，但并不甚突出。腕节背面具颗粒，内末角呈齿状，基下部具 1 个小齿。掌节外侧面具颗粒，内侧面光滑，背缘呈大小不等的波浪齿状。两指内缘具齿。

分　　布　我国东海、南海，以及日本。

圆形鳞斑蟹 *Demania rotundata*（Serène in Guinot，1969）

吕氏盖氏蟹
Gaillardiellus rueppelli（**Krauss，1843**）

分类地位　节肢动物门 Arthropoda 软甲纲 Malacostraca 十足目 Decapoda 扇蟹科 Xanthidae 盖氏蟹属 *Gaillardiellus*

形态特征　头胸甲呈横卵圆形，长约为宽的 3/4，表面密盖颗粒和短刚毛，并杂有许多长刚毛。额斜向前下方，中部被 V 形缺刻分为两叶。头胸甲前侧缘除外眼窝角之外，分为隆起的四叶。两螯足对称，表面具颗粒与长刚毛。腕节肿胀，较掌节为大，背面被浅沟分成 5～6 个突起。掌节短小，背面具 3 个左右的隆起，外侧面具横行颗粒隆线。两指末端圆钝。

分　　布　我国广东，以及印度－西太平洋。

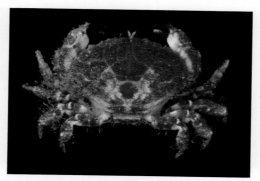

吕氏盖氏蟹 *Gaillardiellus rueppelli*（Krauss，1843）

肉球皱蟹
Leptodius sanguineus（**H. Milne Edwards，1834**）

分类地位　节肢动物门 Arthropoda 软甲纲 Malacostraca 十足目 Decapoda 扇蟹科 Xanthidae 皱蟹属 *Leptodius*

形态特征　头胸甲呈横卵圆形，宽约为长的 1.6 倍。额稍突出，较窄，宽约为头胸甲宽的 1/4，前缘中央被一小缺刻分为两叶，每叶前缘偏外侧稍凹。头胸甲前侧缘除外眼窝角外，共分 5 个齿。两螯足不对称。长节背、腹外缘均具长绒毛。腕节外侧面具细皱襞。两指内缘各具大小不等的 3 个钝齿，指端匙形。

肉球皱蟹 *Leptodius sanguineus*（H. Milne Edwards，1834）

分　　布　我国台湾、海南岛、西沙群岛，以及印度－西太平洋。

红斑斗蟹
Liagore rubromaculata（De Haan，1835）

分类地位　节肢动物门 Arthropoda 软甲纲 Malacostraca 十足目 Decapoda 扇蟹科 Xanthidae（属）*Liagore*

形态特征　全身具对称分布的红色圆斑。头胸甲呈横卵圆形，表面平滑而隆起，具微细凹点。头胸甲前侧缘光滑无齿，与后侧缘相连处略有不明显的棱角；后缘中部稍凹。额宽，中间被一细缝分为两叶，各叶前缘靠近内眼窝角处稍凹入。两螯足对称，光滑。长节边缘具短毛，背缘具数个钝齿。腕节外末角及内末角钝而突出。掌节与指节几乎等长。两指内缘均具不规则的钝齿。

分　　布　我国福建、台湾、海南岛，以及印度 - 西太平洋。

红斑斗蟹 *Liagore rubromaculata*（De Haan，1835）

光滑花瓣蟹
Liomera loevis（A. Milne-Edwards，1873）

分类地位　节肢动物门 Arthropoda 软甲纲 Malacostraca 十足目 Decapoda 扇蟹科 Xanthidae 花瓣蟹属 *Liomera*

形态特征　头胸甲呈宽斜方形，宽约为长的 1.7 倍，表面光滑，具细微凹点，无光泽。额短，边缘平直。头胸甲前侧缘分四圆叶。两螯足对称。雌性螯足较小。两指间空隙很小，内缘各具 3～4 个钝齿。雄性不动指至掌节右下角黑色，而雌性仅不动指黑色。

光滑花瓣蟹 *Liomera loevis*（A. Milne-Edwards，1873）

分　　布　我国台湾、西沙群岛，以及印度 - 西太平洋。

绣花脊熟若蟹
Lophozozymus pictor（Fabricius，1798）

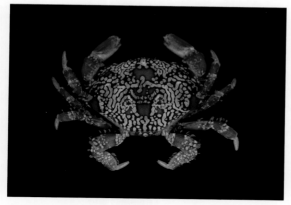

绣花脊熟若蟹 *Lophozozymus pictor*（Fabricius，1798）

分类地位 节肢动物门 Arthropoda 软甲纲 Malacostraca 十足目 Decapoda 扇蟹科 Xanthidae 脊熟若蟹属 *Lophozozymus*

形态特征 头胸甲呈横椭圆形，宽约为长的 1.3 倍，表面光滑，具斑网状花纹。额拱起，中部被 V 形缺刻分为两叶。头胸甲前侧缘隆脊形，外眼窝之后具 4 片隆叶。两螯足粗壮，不对称。长节短，完全藏于头胸甲下，背缘隆脊形，被一深缺刻分为两叶。腕节内末角具 2 个壮齿。掌节背面隆脊形。两指黑褐色，内缘具钝齿，指端尖锐。

分　布 我国海南岛，以及日本、马来半岛、澳大利亚、斐济、萨摩亚。

颗粒仿权位蟹
Medaeops granulosus（Haswell，1882）

分类地位 节肢动物门 Arthropoda 软甲纲 Malacostraca 十足目 Decapoda 扇蟹科 Xanthidae（属） *Medaeops*

形态特征 头胸甲呈横六角形，宽约为长的 1.5 倍，前 2/3 表面隆起。额明显地超过内眼窝齿，前缘平直，中部被一缺刻分两叶，每叶背缘具颗粒，侧缘与背内眼窝齿之间具 1 个缺刻。前侧缘除外眼窝齿外，共具 4 个齿。两螯足不对称。长节背缘具颗粒

颗粒仿权位蟹 *Medaeops granulosus*（Haswell，1882）

列。长节外侧面、腕节外侧面及背面、掌节的背面均具颗粒突起及腐蚀形凹陷。掌节外侧面覆有均匀排列的颗粒，颗粒在中部形成 2 条模糊的隆线。指节粗壮，内缘具大小不等的壮齿，末端尖。

分　布 我国广东、香港，以及印度－西太平洋。

白纹方蟹
Grapsus albolineatus Latreille in Milbert，1812

分类地位 节肢动物门 Arthropoda 软甲纲 Malacostraca 十足目 Decapoda 方蟹科 Grapsidae 方蟹属 *Grapsus*

形态特征 头胸甲呈圆方形。额甚弯向下方，边缘具锯齿，后部隆起，分四叶，各叶表面具鳞片状皱襞。头胸甲侧缘拱起。外眼窝齿尖锐，指向前方，后面具 1 个小锐齿。两齿间具 V 形缺刻，一沟由此斜行至心区前缘。螯足对称，相对短小。座节腹内缘有 3～4 个锐齿。长节背缘无明显齿突，腹外缘具 5～6 个

白纹方蟹 *Grapsus albolineatus* Latreille in Milbert，1812

齿。腕节背面具颗粒状突起；内末角突出，基部宽大，末部细锐。掌节背面有颗粒状突起，外侧面有横行隆线。两指内缘具数个钝齿，指端匙形。

分　　布 我国台湾、南海，以及印度‐西太平洋。

四齿大额蟹
Metopograpsus quadridentatus Stimpson，1858

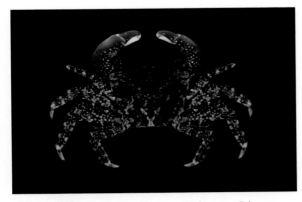

四齿大额蟹 *Metopograpsus quadridentatus* Stimpson，1858

分类地位 节肢动物门 Arthropoda 软甲纲 Malacostraca 十足目 Decapoda 方蟹科 Grapsidae 大额蟹属 *Metopograpsus*

形态特征 头胸甲近方形，宽大于长，前半部较后半部稍宽，表面较光滑。额宽约为头胸甲宽的 3/5，前缘较平直，具细颗粒，额后隆脊分四叶，各叶表面具横行皱纹。头胸甲两侧缘近平直，外眼窝之后具 1 个小锐齿。两螯足不等大。长节腹内缘基半部具

3～4 个锯齿；末部突出，呈叶状，具 3 个大锐齿及 1～2 个小齿；外腹缘上也具锯齿，其末端具 1 根锐刺。腕节背面具皱襞，内末角具 2 个小齿。掌节背面具斜行皱襞及颗粒，内、外侧面均光滑。两指内缘具大小不等的钝齿。

分　　布 我国黄海、东海、南海，以及印度‐西太平洋。

裸掌盾牌蟹
Percnon planissimum（Herbst，1804）

分类地位 节肢动物门 Arthropoda 软甲纲 Malacostraca 十足目 Decapoda（科）Percnidae 盾牌蟹属 *Percnon*

形态特征 头胸甲扁平，长稍大于宽，背面密布短毛，隆起部分光滑无毛。额窄，分4个齿，中间2个齿向前下方突出。头胸甲前侧缘连外眼窝角在内共具4个齿。两螯足因年龄及性别不同而不同。长节瘦

裸掌盾牌蟹 *Percnon planissimum*（Herbst，1804）

长，背缘具1列短刺，腹内缘近基部具2根锐刺，末端具1根钝刺，腹外缘末端具3根刺。腕节短小，背面具2列短刺。掌节高而扁，长宽几乎相等，表面光滑。指节短于掌节。两指末端呈匙状，内具短毛。

分　布 我国西沙群岛、海南岛，以及印度、非洲东岸、阿米兰特群岛、毛里求斯、科科斯群岛、夏威夷群岛。

角眼沙蟹
Ocypode ceratophthalmus（Pallas，1772）

角眼沙蟹 *Ocypode ceratophthalmus*（Pallas，1772）

分类地位 节肢动物门 Arthropoda 软甲纲 Malacostraca 十足目 Decapoda 沙蟹科 Ocypodidae 沙蟹属 *Ocypode*

形态特征 头胸甲宽稍大于长，呈方形，背面隆起，分区隐约可辨，表面均匀地分布着粗糙颗粒。额窄，前缘稍隆。两螯足不对称。长节内腹缘具锯齿，末端突出一小叶，具2~3个齿。腕节及掌节外侧面均具颗粒。两指内缘均具不规则的钝齿。大螯足掌节内侧面有1条纵行的发音隆脊，基半部为细横纹，向末端则形成稀疏的长短不等的颗粒突起；外侧面具1丛短毛。

分　布 我国福建、台湾、南海，以及西太平洋。

波纹龙虾
Panulirus homarus（Linnaeus，1758）

分类地位　节肢动物门 Arthropoda 软甲纲 Malacostraca 十足目 Decapoda 龙虾科 Palinuridae 龙虾属 *Panulirus*

形态特征　头胸甲略呈圆筒状，前缘除眼上角外，有4根大刺。眼上角高约为眼高的2倍，角间无小刺。前额板具2对分开的主刺（前1对稍大），其间有一些小刺。第二至第六腹节各具一稍呈波浪状的横沟，横沟有时中断。体表呈绿色至褐色，头胸甲前端和眼柄具鲜艳的橘色和蓝色斑纹，眼上角具黑色和白色环带，胸足具斑点，腹部分布有微小白点。

分　　布　在印度-西太平洋均有分布。

波纹龙虾 *Panulirus homarus*
（Linnaeus，1758）

十三齿琴虾蛄
Lysiosquilla tredecimdentata Holthuis，1941

分类地位　节肢动物门 Arthropoda 软甲纲 Malacostraca 口足目 Stomatopoda 琴虾蛄科 Lysiosquillidae 琴虾蛄属 *Lysiosquilla*

形态特征　表面花纹极其特殊，有黄黑相间的条纹从头部一直延伸至尾扇。

分　　布　我国的台湾海域、南海，以及越南、泰国、澳大利亚附近海域和太平洋中部。

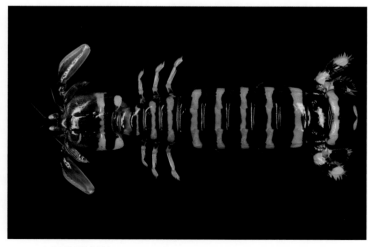

十三齿琴虾蛄 *Lysiosquilla tredecimdentata* Holthuis，1941

伍氏平虾蛄
Erugosquilla woodmasoni（**Kemp，1911**）

分类地位 节肢动物门 Arthropoda 软甲纲 Malacostraca 口足目 Stomatopoda 虾蛄科 Squillidae 平虾蛄属 *Erugosquilla*

形态特征 该物种尾扇有特别显著的颜色，外足和内足均为蓝色，基部有黄色边缘。

分　　布 我国东海、南海，以及印度－西太平洋。

伍氏平虾蛄 *Erugosquilla woodmasoni*（Kemp，1911）

鞘甲纲

薄壳龟藤壶
Chelonibia testudinaria（Linnaeus，1758）

分类地位 节肢动物门 Arthropoda 鞘甲纲 Thecostraca 藤壶亚目 Balanomorpha 龟藤壶科 Chelonibiidae 龟藤壶属 *Chelonibia*

形态特征 壳近低圆筒形，白色，光滑，较厚壳龟藤壶的薄。壳板接合面处为直线。幅部宽，三角形，顶缘稍斜，稍低陷而平滑。壳内壁的放射状齿隔窄而薄。

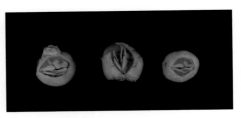

薄壳龟藤壶 *Chelonibia testudinaria*
（Linnaeus，1758）

分　　布 我国东海、南海，日本、澳大利亚、地中海以及大西洋西岸的热带、亚热带海区。

毛鸟咀
Ibla cumingi Darwin，1851

分类地位 节肢动物门 Arthropoda 鞘甲纲 Thecostraca 鸟咀目 Iblomorpha 鸟咀科 Ibloidae 毛鸟咀属 *Ibla*

形态特征 壳板 4 片，角质，壳顶在顶端，柄部覆以角质毛，具紫色斑。软体部分居于柄上部，大颚 3 个齿，小颚切缘缺刻不明显，头柄可区分。矮雄附着于雌体外套腔壁。

分　　布 我国南海，日本以及印度－西太平洋。栖息于热带和亚热带潮间带，通常与牡蛎、藤壶共同附着在岩石表面。

毛鸟咀 *Ibla cumingi* Darwin，1851

鹅茗荷
Lepas（*Lepas*）*anserifera* Linnaeus，1767

分类地位　节肢动物门 Arthropoda 鞘甲纲 Thecostraca（目）Scalpellomorpha 茗荷科 Lepadidae 茗荷属 *Lepas*

形态特征　头状部外被发达的 5 片壳板。壳板间的膜质部呈橙褐色。头状部包有的外皮在壳板周围的部分呈黄红色。壳板表面具有放射沟和生长纹。楯板呈不规则的四边形，中间凸。开闭缘显著呈弓形。从壳顶到上顶端有一低脊。左、右楯板的内面右侧的壳顶齿

鹅茗荷 *Lepas*（*Lepas*）*anserifera* Linnaeus，1767

比左侧的强。背板呈三角形至四边形。峰板弓弯，背缘一般呈锯齿状或平滑；基部内弯，尖锐，分叉角度大于 90°。柄部比头状部短，呈圆柱状，紫褐色。尾突单节，表面具多数细棘。在第一蔓足的基部有 3 ～ 4 条丝突，在其下的体侧有 1 条。蔓足、口器、尾突等常呈褐紫色。

分　布　我国东海、南海，以及太平洋、印度洋、大西洋的温带、亚热带和热带水域。

茗　荷
Lepas anatiferaanatifera Linnaeus，1758

茗荷 *Lepas anatiferaanatifera* Linnaeus，1758

分类地位　节肢动物门 Arthropoda 鞘甲纲 Thecostraca（目）Scalpellomorpha 茗荷科 Lepadidae 茗荷属 *Lepas*

形态特征　头状部顶端斜截，外被 5 片白色的壳板。壳板间隙有黑褐色或黄褐色膜。从楯板壳顶至背板壳顶常见黄绿色点组成的对角线。背板 1 对，呈三角形至不规则的四边形。楯板 1 对，开闭缘弓曲，从壳顶到板的顶端具一低脊，自壳顶有不太明显的放射状低脊。右楯板壳顶内面具 1 个显著的壳顶齿，左楯板内面无齿或有低脊。峰板 1 片，弓弯；基部分叉。柄部柔软，有伸缩性，呈褐色，常比头状部长。尾突单节，末端稍尖，表面具细小棘。丝突在第一蔓足基部有 1 条，在其下的体侧又有 1 条。

分　布　我国黄海、东海、南海，以及太平洋、印度洋、大西洋的温带、亚热带和热带水域。

海星纲

斑砂海星

Luidia maculata **Müller & Troschel，1842**

分类地位　棘皮动物门 Echinodermata 海星纲 Asteroidea 柱体目 Paxillosida 砂海星科 Luidiidae 砂海星属 *Luidia*

形态特征　腕 7～9 条，通常 8 条。反口面的小柱体较大而密集。盘中央和腕中线的小柱体较小，为多角形。腕中线两侧的小柱体大，为四角形，排成纵行。每腕基部共有 11～16 行小柱体。上缘板近乎方形，各板上有 1～2 个叉棘。各侧步带板内侧有 3 个大棘。口板狭长，略弯曲。背面为黑色或橙红色。

分　　布　生活在沙底。分布于印度－西太平洋。为海南岛和广东海域的习见种。

斑砂海星 *Luidia maculata* Müller &Troschel，1842

飞白枫海星
Archaster typicus Müller &Troschel，1840

分类地位 棘皮动物门 Echinodermata 海星纲 Asteroidea 瓣棘海星目 Valvatida 飞白枫海星科 Archasteridae 飞白枫海星属 _Archaster_

形态特征 腕4～6条，通常5条。反口面较整齐地密布规则的小柱体。上缘板宽，呈长方形，垂直于腕的侧面，表面密生同形的棒状小棘。侧步带板有3个沟棘。口面有3个比较粗壮的扁钝的棘，排列成1纵行。

分　布 为热带习见种。在我国海南岛和粤西沿岸均有分布。

飞白枫海星 _Archaster typicus_ Müller & Troschel，1840

骑士章海星
Stellaster childreni Gray，1840

分类地位 棘皮动物门 Echinodermata 海星纲 Asteroidea 瓣棘海星目 Valvatida 角海星科 Goniasteridae 章海星属 _Stellaster_

形态特征 体呈五角星状，反口面很平。多角形的背板上密生很细的颗粒，颗粒间常夹有1～2个瓣状叉棘。上缘板14～17个，大而膨胀，表面密生细颗粒并有几个瓣状叉棘。口面间辐部很宽大，具多数腹侧板。侧步带板具5～7个沟棘。各口板具短而扁的边缘棘7～8个和口面棘1～2个。

分　布 为印度-西太平洋的广布种。是我国南海和东海的优势种。

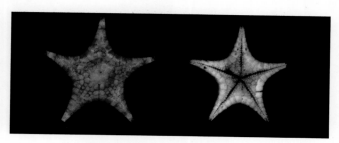

骑士章海星 _Stellaster childreni_ Gray，1840

原瘤海星
Protoreaster nodosus（Linnaeus，1758）

分类地位　棘皮动物门 Echinodermata 海星纲 Asteroidea 瓣棘海星目 Valvatida 瘤海星科 Oreasteridae 原瘤海星属 *Protoreaster*

形态特征　腕短宽，呈棱柱形，末端钝且翻卷向上。反口面特别高。上缘板和下缘板都很清楚，通常 20 个。板面密生光滑、平坦和大小不等的多角形小板，没有疣或棘。口面间辐部宽大，腹侧板很多，腹侧板表面也铺有大小不等的多角形小板。侧步带板具 6～8 个沟棘，外侧有 3 个粗钝的表面带纵脊的棘。

分　　布　为热带习见种。在我国海南新村习见。

原瘤海星 *Protoreaster nodosus*（Linnaeus，1758）

荷叶海星
Anseropoda rosacea（Lamarck，1816）

分类地位　棘皮动物门 Echinodermata 海星纲 Asteroidea 瓣棘海星目 Valvatida 科 Anseropodidae（属）*Anseropoda*

形态特征　腕一般 16 条。身体轮廓呈伞状。体盘宽大，沿着各辐的背中线有纵走的隆起，边缘向下弯。反口面的骨板很薄，鳞片状，呈覆瓦状排列，上生成簇状的小棘。各侧步带板有 6～7 个。沟棘的外侧有 3 个口面棘。口板形大。边缘棘 9～10 个，有膜相连。口面棘 4 个，稍排列成纵行。

分　　布　我国海南岛以东海域，以及日本、印度洋、大洋洲。

荷叶海星 *Anseropoda rosacea*（Lamarck，1816）

林氏海燕

Aquilonastra limboonkengi（Smith，1927）

分类地位 棘皮动物门 Echinodermata 海星纲 Asteroidea 瓣棘海星目 Valvatida 海燕科 Asterinidae（属）*Aquilonastra*

形态特征 腕一般 5 条，短宽。反口面骨板在腕上者排列成纵行；在盘中央者较小，排列成环形。下缘板比较明显，为圆形，构成身体的边缘。侧步带板有 2 行棘。口板大，在口缘有 5 ～ 6 个钝扁的边缘棘，各棘的基部有膜相连。体为深褐色，夹有不规则的淡色斑块。

分　　布 我国福建和广东沿海。

林氏海燕 *Aquilonastra limboonkengi*（Smith，1927）

吕宋棘海星

Echinaster luzonicus（Gray，1840）

分类地位 棘皮动物门 Echinodermata 海星纲 Asteroidea 有棘目 Spinulosida 棘海星科 Echinasteridae 棘海星属 *Echinaster*

形态特征 腕细，呈圆柱状，4 ～ 7 条，长短不一。反口面骨板的形状和大小都有变化，形成网目状。上缘板和下缘板都不明显。没有腹侧板。侧步带板宽大于长，板间有间隙，各板上有 3 个棘。

分　　布 为印度-西太平洋的广布种。在我国西沙群岛和海南岛南部海域习见。

吕宋棘海星 *Echinaster luzonicus*（Gray，1840）

蛇尾纲

沙氏辐蛇尾
Ophiactis savignyi（**Müller & Troschel，1842**）

沙氏辐蛇尾 *Ophiactis savignyi*（Müller & Troschel，1842）

分类地位　棘皮动物门 Echinodermata 蛇尾纲 Ophiuroidea（目）Amphilepidida 辐蛇尾科 Ophiactidae 辐蛇尾属 *Ophiactis*

形态特征　幼小时具 6 条腕，成长后具 5 条腕。常行裂体法繁殖，具半个体盘的个体常见。体盘上覆有圆形或椭圆形小鳞片，鳞片上生稀疏的小棘。背腕板大，前后相接，外缘突出成圆弧形，表面具多数细小的颗粒状突起。

分　　布　为热带遍生种。在我国福建南部、广东、海南岛、西沙群岛沿海很普通。

变异鞭蛇尾
Ophiomastix variabilis **Koehler，1905**

分类地位　棘皮动物门 Echinodermata 蛇尾纲 Ophiuroidea（目）Ophiacanthida（科）Ophiocomidae 鞭蛇尾属 *Ophiomastix*

形态特征　全体盖有厚皮。体盘上具有分散的小棘。口棘 3 个，最外 1 个明显较大。背腕板宽扇形或六角形，彼此相连。生活时全体黑色，腕有狭的白色横带，每隔 4～6 个黑色板夹有 1 个白色板。

分　　布　我国海南南端，以及菲律宾、印度尼西亚、马达加斯加、毛里求斯、澳大利亚、所罗门群岛、土阿莫土群岛。

变异鞭蛇尾 *Ophiomastix variabilis* Koehler，1905

黄鳞蛇尾
Ophiolepis superba **H. L. Clark，1915**

分类地位　棘皮动物门 Echinodermata 蛇尾纲 Ophiuroidea（目）Amphilepidida 鳞蛇尾科 Ophiolepididae 鳞蛇尾属 *Ophiolepis*

形态特征　体盘高而厚，背面覆有椭圆形大鳞片，各鳞片的周围有许多小鳞片。侧口板为三角形，内侧缘稍弯曲，彼此相连。背腕板为椭圆形，很宽，中央隆起，两侧各有 2～3 个小形的副背腕板。

分　　布　广泛分布于印度－西太平洋，但不见于波斯湾和阿拉伯海及夏威夷群岛；在我国见于西沙群岛和海南岛南端。

黄鳞蛇尾 *Ophiolepis superba* H. L. Clark，1915

海胆纲

环锯棘头帕
Prionocidaris baculosa（**Lamarck，1816**）

分类地位　棘皮动物门 Echinodermata 海胆纲 Echinoidea 头帕目 Cidaroida 头帕科 Cidaridae 锯头帕属 *Prionocidaris*

形态特征　壳大而形状变化多，步带宽度相当于间步带的 1/3，顶系直径略小于壳的半径。大棘的形状变化很大，常见的为圆柱形，从基部到顶部逐渐变细，长度可达直径的 2 倍。

分　布　我国海南岛东部，以及日本、菲律宾、爪哇岛和马鲁古海。

环锯棘头帕 *Prionocidaris baculosa*（Lamarck，1816）

刺冠海胆
Diadema setosum（**Leske，1778**）

刺冠海胆 *Diadema setosum*（Leske，1778）

分类地位　棘皮动物门 Echinodermata 海胆纲 Echinoidea（目）Diadematoida 冠海胆科 Diadematidae 冠海胆属 *Diadema*

形态特征　壳薄，为半球形，很脆。步带狭窄，稍隆起。顶系稍凹陷。大棘常有黑白相间的横带，有的带红色或绿色。有的个体在普通的大棘中夹生着白色大棘。

分　布　在我国广东、海南岛、西沙群岛习见。

礼服海胆（高腰海胆）
Mespilia globulus（Linnaeus，1758）

　　分类地位　棘皮动物门 Echinodermata 海胆纲 Echinoidea 拱齿目 Camarodonta 刻肋海胆科 Temnopleuridae 高腰海胆属 *Mespilia*

　　形态特征　壳高，呈球形，轮廓稍呈五角形。间步带略凹下。顶系较小，稍凸起。各棘的长短和粗细几乎一样。棘上有纵条纹，在红色或绿色的底子上有狭窄的白带，基部为暗绿色或红色，上端为白色。

　　分　　布　我国西沙群岛，以及日本、朝鲜海峡、菲律宾、印度尼西亚、昆士兰等地。

礼服海胆 *Mespilia globulus*（Linnaeus，1758）

疏棘角孔海胆
Salmacis bicolor L. Agassiz in L. Agassiz & Desor，1846

　　分类地位　棘皮动物门 Echinodermata 海胆纲 Echinoidea 拱齿目 Camarodonta 刻肋海胆科 Temnopleuridae 角孔海胆属 *Salmacis*

　　形态特征　壳高，呈圆锥形，薄而易碎。步带的宽度约等于间步带的1/2。顶系小。反口面的大棘很短小，口面的大棘稍长。大棘为淡黄色，有紫红色横带，基部为红色。

　　分　　布　我国南海，以及菲律宾、印度尼西亚。

疏棘角孔海胆 Salmacis bicolor L. Agassiz in L. Agassiz & Desor，1846

喇叭毒棘海胆
Toxopneustes pileolus（Lamarck，1816）

　　分类地位　棘皮动物门 Echinodermata 海胆纲 Echinoidea 拱齿目 Camarodonta 喇叭海胆科 Toxopneustidae 毒棘海胆属 *Toxopneustes*

　　形态特征　壳低而厚，轮廓稍呈五角形。步带的宽度约为间步带的 2/3。顶系稍突出。壳为橄榄色，有 6～7 个呈同心圆排列的白色和紫色带。球形叉棘有毒。

　　分　　布　为珊瑚礁内的习见种。广分布于印度－西太平洋区域。在我国海南岛南部和西沙群岛很常见。

喇叭毒棘海胆 *Toxopneustes pileolus*（Lamarck，1816）

白棘三列海胆
Tripneustes gratilla（Linnaeus，1758）

　　分类地位　棘皮动物门 Echinodermata 海胆纲 Echinoidea 拱齿目 Camarodonta 喇叭海胆科 Toxopneustidae 三列海胆属 *Tripneustes*

　　形态特征　壳高，轮廓稍呈五角形，步带的宽度约为间步带的 4/5。顶系大而隆起。大棘通常为白色，也有橙色、黑色或黑紫色的。

　　分　　布　为印度－西太平洋的广布种。在我国台湾、广东、海南岛、西沙群岛很常见。

白棘三列海胆 *Tripneustes gratilla*（Linnaeus，1758）

小笠原偏海胆
Parasalenia gratiosa A. Agassiz，1863

分类地位 棘皮动物门 Echinodermata 海胆纲 Echinoidea 拱齿目 Camarodonta 偏海胆科 Parasaleniidae 偏海胆属 *Parasalenia*

形态特征 壳为不规则的椭球形，其长轴方向不固定。步带的有孔带很窄。顶系很长。大棘为圆柱状，长度和壳长轴的相等，末端是尖的。棘一般黑色或稍带绿色，棘基部的磨齿环白色。

分　　布 我国海南岛南部，以及日本南部。

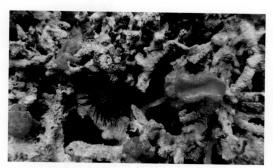

小笠原偏海胆 *Parasalenia gratiosa* A. Agassiz，1863

梅氏长海胆
Echinometra mathaei（Blainville，1825）

分类地位 棘皮动物门 Echinodermata 海胆纲 Echinoidea 拱齿目 Camarodonta 长海胆科 Echinometridae 长海胆属 *Echinometra*

形态特征 壳为椭球形，各步带有 2 纵行大疣。顶系不甚突出，略纵长，各板上均生有小棘。大棘长约等于壳长的 1/2，下部粗壮，上端尖锐。壳两侧的大棘比两端的略短小。

分　　布 为热带广布种。在我国台湾、海南岛、西沙群岛习见。

梅氏长海胆 *Echinometra mathaei*（Blainville，1825）

绿盾海胆
Clypeaster virescens Döderlein，1885

分类地位　棘皮动物门 Echinodermata 海胆纲 Echinoidea 盾形目 Clypeasteroida 盾海胆科 Clypeasteridae 盾海胆属 *Clypeaster*

形态特征　壳普通常呈长五角形，壳缘较薄。瓣状区域较小，长度约为壳长的 1/2，向前的一瓣最长。顶系略偏于前方。大棘长约 1.5～2 mm。

分　　布　我国海南岛东部以及日本南部、中南半岛、菲律宾。

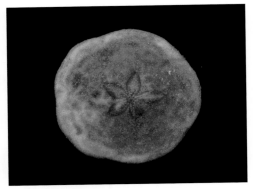

绿盾海胆 *Clypeaster virescens* Döderlein，1885

十字饼干海胆
Laganum decagonale（Blainville，1827）

分类地位　棘皮动物门 Echinodermata 海胆纲 Echinoidea（目）Echinolampadacea 饼干海胆科 Laganidae 饼干海胆属 *Laganum*

形态特征　壳很薄，稍透明。对着强光稍能透过壳见其弯曲的肠管。壳的轮廓为不规则的十角形或五角形。瓣状区域比较短而宽，并且略偏于前方。顶系稍偏于前方。生活时暗红色。

分　　布　我国广东、海南岛、北部湾，以及菲律宾、印度尼西亚。

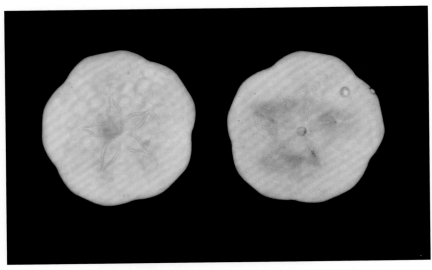

十字饼干海胆 *Laganum decagonale*（Blainville，1827）

雷氏饼海胆
Peronella lesueuri（L. Agassiz，1841）

分类地位 棘皮动物门 Echinodermata 海胆纲 Echinoidea（目）Echinolampadacea 饼干海胆科 Laganidae（属）*Peronella*

形态特征 壳的轮廓变化很大，有椭圆形、圆形、不规则的多角形等；后部稍窄，边缘较厚。瓣状区域狭长，长度略超过壳的半径。壳表面密生绒毛状的短棘，棘的顶端稍膨大。生活时呈美丽的玫瑰红色到印度红色。

分　布 我国福建、广东，以及日本南部、斯里兰卡、新加坡。

雷氏饼海胆 *Peronella lesueuri*（L. Agassiz，1841）

曼氏孔楯海胆
Astriclypeus mannii Verrill，1867

分类地位 棘皮动物门 Echinodermata 海胆纲 Echinoidea（目）Echinolampadacea 孔楯海胆科 Astriclypeidae 孔楯海胆属 *Astriclypeus*

形态特征 壳扁平，呈盘状，很坚实，前部稍窄，后部略宽，后缘几乎呈一直线。瓣状区域短而宽，末端开口，向前的一瓣最长。顶系靠中央。反口面的大棘像绒毛，很密集；表面粗糙，略透明；末端膨大成棒状。口面的大棘稍长，排列和伸出无固定方向。

曼氏孔楯海胆 *Astriclypeus mannii* Verrill，1867

分　布 我国广东，以及日本、柬埔寨。

扁拉文海胆
Lovenia subcarinata Gray，1851

　　分类地位　棘皮动物门 Echinodermata 海胆纲 Echinoidea 心形目 Spatangoida 拉文海胆科 Loveniidae 拉文海胆属 *Lovenia*

　　形态特征　壳的轮廓为椭圆形或卵圆形。瓣状区域为三角形，和壳面齐平，后对瓣较短。顶系偏于后方。反口面的大棘细而弯曲，最长者的长度约等于壳长的 1/2。

　　分　　布　我国北部湾，以及日本南部、泰国湾、菲律宾、爪哇岛。

扁拉文海胆 *Lovenia subcarinata* Gray，1851

红腹海参

Holothuria（*Halodeima*）*edulis* Lesson，1830

分类地位 棘皮动物门 Echinodermata 海参纲 Holothuroidea 海参目 Holothuriida 海参科 Holothuriidae 海参属 *Holothuria*

形态特征 口偏于腹面，具 20 个触手。体壁内骨片有 2 种：一种是桌形体，另一种是小的菱形穿孔板。

分　布 广泛分布于印度 - 西太平洋，从莫桑比克和马达加斯加起，向东可至加罗林群岛和斐济群岛，但不见于夏威夷群岛，向北可到琉球群岛，向南可到澳大利亚东部。在我国分布于海南岛、西沙群岛。

红腹海参 *Holothuria*（*Halodeima*）*edulis* Lesson，1830

玉足海参

Holothuria（*Selenkothuria*）*moebii* Ludwig，1883

玉足海参 *Holothuria*（*Selenkothuria*）*moebii* Ludwig，1883

分类地位 棘皮动物门 Echinodermata 海参纲 Holothuroidea 海参目 Holothuriida 海参科 Holothuriidae 海参属 *Holothuria*

形态特征 口偏于腹面，具 20 个触手。体壁骨片为桌形体和扣状体。

分　布 广泛分布于印度 - 西太平洋，从东非到夏威夷群岛和社会群岛，向北到日本南部，向南到澳大利亚洛德豪岛和沙克湾。在我国分布于福建南部、台湾、广东、海南、广西。

棕环海参
Holothuria（*Stauropora*）*fuscocinerea* **Jaeger**，**1833**

分类地位　棘皮动物门 Echinodermata 海参纲 Holothuroidea（目）Holothuriida 海参科 Holothuriidae 海参属 *Holothuria*

形态特征　口偏于腹面，具 20 个触手，体壁内骨片为桌形体和扣状体，两者式样很多。

分　　布　我国台湾、广东、海南岛、西沙群岛，以及日本南部、斯里兰卡、菲律宾、印度尼西亚、从东非到红海、澳大利亚北部。

棕环海参 *Holothuria*（*Stauropora*）*fuscocinerea* Jaeger，1833

黄疣海参
Holothuria（*Mertensiothuria*）*hilla* **Lesson**，**1830**

分类地位　棘皮动物门 Echinodermata 海参纲 Holothuroidea（目）Holothuriida 海参科 Holothuriidae 海参属 *Holothuria*

形态特征　口偏于腹面，具 20 个触手，体壁骨片为桌形体和扣状体。

分　　布　我国台湾、海南岛、西沙群岛、广西涠洲岛，以及日本南部、马尔代夫群岛、斯里兰卡、印度尼西亚、菲律宾、澳大利亚北部、红海、东非、夏威夷。

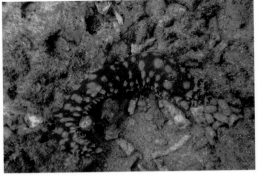

黄疣海参 *Holothuria*（*Mertensiothuria*）*hilla* Lesson，1830

花刺参

Stichopus horrens Selenka，1867

分类地位　棘皮动物门 Echinodermata 海参纲 Holothuroidea（目）Synallactida 刺参科 Stichopodidae 刺参属 *Stichopus*

形态特征　口偏于腹面，具 20 个触手。体壁骨片有桌形体、C 形体和不完全的花纹样体。

分　　布　西从马达加斯加、桑给巴尔和红海起，向东可到加罗林群岛，但不见于夏威夷群岛，北到日本南部，南到澳大利亚。在我国分布于台湾、广东硇洲岛、海南岛、西沙群岛、广西涠洲岛。

花刺参 *Stichopus horrens* Selenka，1867

可疑翼手参

Cercodemas anceps Selenka，1867

分类地位　棘皮动物门 Echinodermata 海参纲 Holothuroidea 枝手目 Dendrochirotida 瓜参科 Cucumariidae（属）*Cercodemas*

形态特征　触手收缩时，口周围有 5 个瓣。触手 10 个，腹面 1 对较小。体壁十分坚硬。骨片丰富，式样很多。

分　　布　我国福建、广东、海南、广西，以及菲律宾、印度尼西亚、澳大利亚。

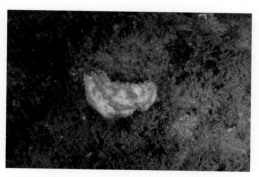

可疑翼手参 *Cercodemas anceps* Selenka，1867

方柱翼手参
Colochirus quadrangularis Troschel，1846

分类地位　棘皮动物门 Echinodermata 海参纲 Holothuroidea 枝手目 Dendrochirotida 瓜参科 Cucumariidae 翼手参属 *Colochirus*

形态特征　口在身体前端，具 10 个触手，腹面 2 个较小。体壁坚实。骨片多而发达，除大形鳞片外，还有网状球形体和网状皿形体。

分　　布　我国福建、广东、海南、广西，以及斯里兰卡、孟加拉湾、菲律宾、印度尼西亚和澳大利亚北部。

方柱翼手参 *Colochirus quadrangularis* Troschel，1846

紫伪翼手参
Pseudocolochirus violaceus（Théel，1886）

分类地位　棘皮动物门 Echinodermata 海参纲 Holothuroidea 枝手目 Dendrochirotida 瓜参科 Cucumariidae 伪翼手参属 *Pseudocolochirus*

形态特征　口大，具 10 个等大的触手。体壁内骨片数目和形状均变化很大。

分　　布　我国香港和北部湾，以及越南、孟加拉湾、斯里兰卡、菲律宾、新加坡、印度尼西亚、红海、马达加斯加、澳大利亚西北部。

紫伪翼手参 *Pseudocolochirus violaceus*（Théel，1886）

异色哈威参

Havelockia versicolor（Semper，1867）

分类地位　棘皮动物门 Echinodermata 海参纲 Holothuroidea 枝手目 Dendrochirotida 硬瓜参亚科 Sclerodactylidae 哈威参属 *Havelockia*

形态特征　触手收缩时，口呈五瓣状。石灰环粗钝。体壁骨片稀疏，很容易被溶解。

分　　布　我国广东西部、海南、广西东兴、北部湾，以及斯里兰卡、菲律宾、印度尼西亚、莫桑比克、澳大利亚北部。

异色哈威参 *Havelockia versicolor*（Semper，1867）

异常赛瓜参

Thyone anomala Östergren，1898

分类地位　棘皮动物门 Echinodermata 海参纲 Holothuroidea 枝手目 Dendrochirotida 沙鸡子科 Phyllophoridae 赛瓜参属 *Thyone*

形态特征　触手 10 个。石灰环大而复杂。体壁内骨片有穿孔板和桌形体。

分　　布　我国台湾海峡、海南岛、北部湾，以及印度尼西亚。

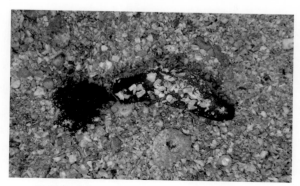

异常赛瓜参 *Thyone anomala* Östergren，1898

海百合纲

脊羽枝
Tropiometra afra（**Hartlaub，1890**）

分类地位　棘皮动物门 Echinodermata 海百合纲 Crinoidea 栉羽枝目 Comatulida 脊羽枝科 Tropiometridae 脊羽枝属 *Tropiometra*

形态特征　为大型、粗壮的种类。中背板呈盘状，很厚。背极宽大，平坦或略凹进。腕10条，基部粗壮，过了1/3位置后骤然变细。羽枝的横切面为菱形。

分　　布　我国福建、广东、北部湾浅海。

脊羽枝 *Tropiometra afra*（Hartlaub，1890）

掌丽羽枝
Dichrometra palmata（**Müller，1841**）

掌丽羽枝 *Dichrometra palmata*（Müller，1841）

分类地位　棘皮动物门 Echinodermata 海百合纲 Crinoidea 栉羽枝目 Comatulida 玛丽羽枝科 Mariametridae 属 *Dichrometra*

形态特征　中背板呈盘状，很厚。腕通常 30 ～ 40 条，长 40 ～ 125 mm，一般 55 ～ 80 mm。羽枝末端带黄色。

分　　布　我国广东硇洲岛和闸坡、海南岛三亚和莺歌海，以及印度 - 西太平洋。